电力负荷结构特性分析及预测

张 允 廖 菁 陈仲伟 著

中国矿业大学出版社
· 徐州 ·

图书在版编目(CIP)数据

电力负荷结构特性分析及预测 / 张允,廖菁,陈仲伟著. — 徐州 ：中国矿业大学出版社，2023.6

ISBN 978 - 7 - 5646 - 5875 - 5

Ⅰ. ①电… Ⅱ. ①张…②廖…③陈… Ⅲ. ①电力系统—负荷(电)—研究 Ⅳ. ①TM715

中国国家版本馆 CIP 数据核字(2023)第 110827 号

书　　名　电力负荷结构特性分析及预测

著　　者　张　允　廖　菁　陈仲伟

责任编辑　仓小金

出版发行　中国矿业大学出版社有限责任公司

（江苏省徐州市解放南路　邮编 221008）

营销热线　(0516)83885370　83884103

出版服务　(0516)83995789　83884920

网　　址　http://www.cumtp.com　**E-mail**:cumtpvip@cumtp.com

印　　刷　徐州中矿大印发科技有限公司

开　　本　787 mm×1092 mm　1/16　**印张** 8.75　**字数** 224 千字

版次印次　2023 年 6 月第 1 版　2023 年 6 月第 1 次印刷

定　　价　48.00 元

《电力负荷结构特性分析及预测》

编　委　会

前　言

电力负荷结构分析与预测作为电力行业的核心工作内容，是支撑电网科学规划、优化运行调度及保障能源安全的重要基础。科学精准的负荷结构解析与前瞻性负荷预测，不仅为电网基础设施规划提供数据支撑，更是实现电网运行方式优化配置、维持电力系统安全稳定运行的必要前提。值得注意的是，电力负荷结构具有显著的复杂性与多样性特征，随着全球经济格局深度调整、社会生产生活方式迭代升级，以及能源消费结构向低碳化、智能化转型，电力负荷的构成形态与运行特性正经历着深刻变革。在此背景下，本书立足电力系统发展的现实需求，依托大数据挖掘技术与多维度分析模型，系统探索电力负荷结构的内在演变规律，构建面向未来的负荷需求预测方法论体系，旨在为电力供应保障体系优化、电网规划顶层设计及运行调度策略制定提供科学化、精准化的决策支撑。

本书共6章，介绍了电力负荷结构和特性的分析方法，分析了影响负荷结构及特性变化的主要因素，提出了负荷及负荷特性的主要预测方法，同时以甲省电网负荷为例，开展了相关实证研究，提出了改善负荷特性的一些建议。

本书兼具理论创新性与工程实用性，可为电力规划设计、运行调度、市场营销、电力交易等领域的专业技术人员与管理人员提供重要参考。书中不仅包含负荷分析的基础理论与方法体系，更通过大量实际案例展现了从数据采集、模型构建到结果应用的完整技术流程，对电力行业从业者解决实际工程问题具有指导价值。

需要说明的是，尽管编写团队在内容组织、数据验证及理论推导等环节进行了多轮校对与修正，但受限于电力系统的复杂性及作者学术水平，书中可能仍存在理论阐释不够深入、模型应用场景覆盖不全等问题。我们诚挚期待行业专家与广大读者提出宝贵意见,以便后续进一步完善内容体系,推动电力负荷分析领域的学术研究与工程实践发展。

目　录

第 1 章　电力负荷结构特性概述

负荷特性是指电力负荷从电力系统的电源获取的有功功率和无功功率随负荷端点的电压及系统频率变化而改变的规律，一般通过负荷曲线及负荷特性指标反映。对负荷曲线及特性指标的分析可以准确地描述电力负荷随时间的变化特性，为电力市场开拓、用电结构调整和资源优化等提供决策依据。本章将针对负荷特性体系和负荷分类进行详细说明，并阐明负荷结构及特性分析的意义，为后续章节内容的展开作好铺垫。

1.1　负荷特性体系

1.1.1　负荷曲线

描述某段时间内用电负荷大小随时间变化规律的曲线称为负荷曲线。按时间的不同，负荷曲线分为日负荷曲线、月负荷曲线、季负荷曲线和年负荷曲线；按功率性质的不同，负荷曲线分为有功负荷曲线和无功负荷曲线；按所描述的负荷范围的不同，负荷曲线分为用户负荷曲线、地区电网负荷曲线以及电力系统负荷曲线。实际负荷曲线应是一条不间断的连续曲线，但在绘制时由于只能得到离散时间的实测（或估计）值，一般都用折线法或阶梯法描绘。工程实际中常用的是日负荷曲线、月负荷曲线和年负荷曲线。

（1）日负荷曲线

日负荷曲线是描述一天 24 小时负荷变化情况的曲线，分为日有功负荷曲线和日无功负荷曲线。由于日无功负荷曲线不像日有功负荷曲线那样用得普遍，只是在进行无功功率平衡时才需考虑，因而本书主要讨论日有功负荷曲线，如图 1-1-1 所示。

曲线的最大值和最小值分别代表日最大负荷 P_{max} 和日最小负荷 P_{min}，是电力系统运行中的重要数据。P_{max} 和 P_{min} 的差值称为峰谷差。日负荷曲线所围成的面积即为

电力系统的日用电量 A_d，即

$$A_d=\int_0^{24}P\,dt=\sum_{k=1}^{24}P_k t_k \tag{1-1-1}$$

式(1-1-1)中，P_k 为 k 时刻对应的负荷量。

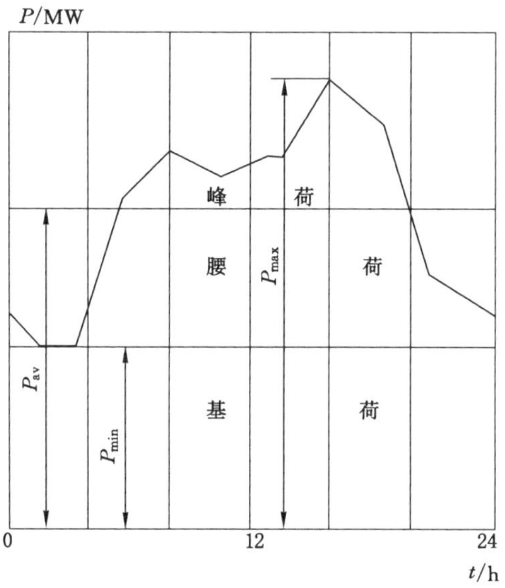

图 1-1-1　典型日负荷曲线图

日负荷曲线对电力系统的运行有很重要的意义，它是安排日发电计划，确定各发电厂发电任务和系统运行方式以及计算用户日用电量等的重要依据。

（2）月负荷曲线

月负荷曲线根据一个月内每天的负荷情况，按照时间顺序绘制而成，描述月内的负荷变化情况，主要用于研究负荷的周期性变化。月负荷曲线分为月平均日负荷曲线和月最大日负荷曲线等。图 1-1-2、图 1-1-3 分别为月平均日负荷曲线和月最大日负荷曲线的样例。

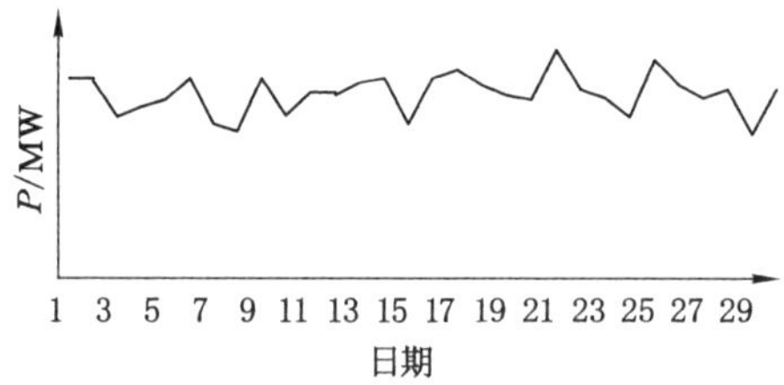

图 1-1-2　月平均日负荷曲线

（3）年负荷曲线

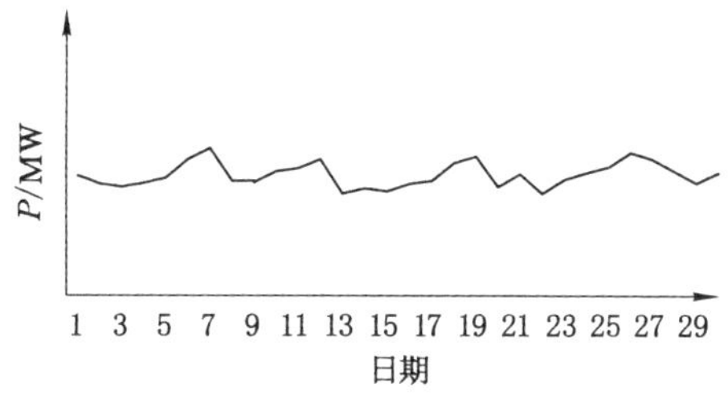

图 1-1-3　月最大日负荷曲线

年负荷曲线分为年最大负荷曲线和年持续负荷曲线。年最大负荷曲线是描述一年内每月(或每日)最大有功负荷随时间变化情况的曲线,典型年最大负荷曲线如图 1-1-4 所示。

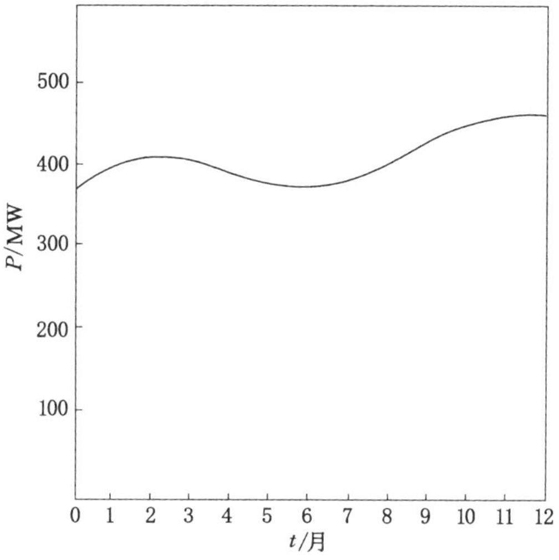

图 1-1-4　典型年最大负荷曲线

随着经济的发展、生活的改善以及季节气候的变化,一年内每月(或每日)的最大负荷会发生变化,年最大负荷曲线也会随之改变。年最大负荷曲线可用于计划一年内电力系统的电力(功率)与电量(能量)的平衡,为电网规划提供依据。年持续负荷曲线是按一年内系统负荷数值的大小及其累计小时数顺序由大到小排列而成的曲线,表示年内负荷大小与其持续时间的关系,如图 1-1-5 所示。

此曲线可用来安排发电计划及进行可靠性估计。图 1-1-5 中曲线所围成的面积表示全年的电能消耗量,其计算公式为

$$A = \sum_{k=1}^{5} P_k t_k \approx \int_0^{8\,760} P \mathrm{d}t \tag{1-1-2}$$

其中,8 760 为全年小时数。

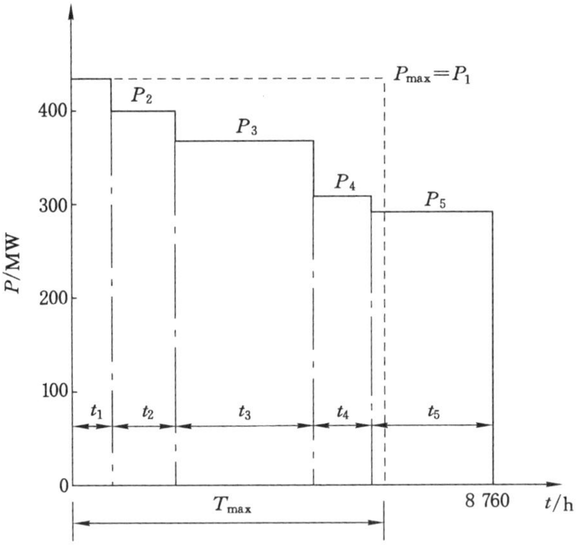

图 1-1-5　年持续负荷曲线

1.1.2　负荷特性指标

负荷特性指标归纳负荷变化的规律和特性，常用的指标有日负荷特性指标、月负荷特性指标及年负荷特性指标等，主要指标介绍如下：

(1) 日负荷特性指标

日最大负荷 P_{d-max}：一天内 24 个整点负荷或 96 点负荷中的最大值。

日平均负荷 P_{d-av}：该值等于日电量除以 24；如果没有日电量数据，可以采用 24 个整点负荷的平均值近似代表。

日负荷率 γ：日平均负荷与日最大负荷的比值。日负荷率大小表示日负荷的波动程度，其值越高，说明负荷一天内的变化越小。计算公式为

$$\gamma=\frac{P_{d-av}}{P_{d-max}} \tag{1-1-3}$$

日最小负荷率 β：日最小负荷与同日最大负荷的比值，表示一天内负荷变化的幅度，计算公式为

$$\beta=\frac{P_{d-min}}{P_{d-max}} \tag{1-1-4}$$

式(1-1-4)中，P_{d-min} 为日最小负荷。

日峰谷差：日最大负荷与日最小负荷之差。计算公式为

$$日峰谷差=P_{d-max}-P_{d-min} \tag{1-1-5}$$

日峰谷差率：日峰谷差与日最大负荷的百分比值。计算公式为

$$日峰谷差率=(日峰谷差/日最大负荷) \tag{1-1-6}$$

（2）月负荷特性指标

月最大负荷 P_{m-max}：一个月内每日的最大负荷中的最大值，也就是一个月内各点负荷的最大值。

月平均日负荷 P_{m-av}：一个月内各日平均负荷的平均值，也就是月用电量除以当月小时数。

月最大日峰谷差：一个月内各日峰谷差的最大值。计算公式为

$$月最大日峰谷差=\mathrm{Max}(P_{d-max}-P_{d-min}) \tag{1-1-7}$$

月平均日负荷率：一个月内各日负荷率的平均值。计算公式为

$$月平均日负荷率=\frac{1}{k}\sum_{i=1}^{k}\gamma_i \tag{1-1-8}$$

式(1-1-8)中，k 为该月所拥有的天数。

月最小日负荷率：一个月内各日最小负荷率的最小值。计算公式为

$$月最小日负荷率=\mathrm{Min}(\beta_i) \tag{1-1-9}$$

月最大日峰谷差率：一个月内各日峰谷差率的最大值。计算公式为

$$月最大日峰谷差率=\mathrm{Max}(日峰谷差率) \tag{1-1-10}$$

月不均衡系数 σ：又称月负荷率，一个月内平均日电量和最大日电量的比值，也可以用月平均日负荷与月最大负荷日平均负荷的比值。月负荷率 σ 大小表示月负荷的波动程度，其值越高，说明负荷在该月内的变化越小。计算公式为

$$\sigma=\frac{P_{m-av}}{P_{d-max}} \tag{1-1-11}$$

（3）年负荷特性指标

年最大负荷 P_{max}：全年各小时整点用电负荷中的最大值。

季不均衡系数 ρ：一年内12个月各月最大负荷的平均值与年最大负荷的比值，表示一年内月最大负荷变化的不均衡性。计算公式为

$$\rho=\frac{\sum_{1}^{12}P_{m-max}}{12P_{max}} \tag{1-1-12}$$

式(1-1-12)中，P_{m-max} 为各月最大负荷，P_{max} 为全年最大负荷。

年最大峰谷差：全年各日中峰谷差的最大值。

年最大峰谷差率：全年各日中峰谷差率的最大值。

年最大负荷利用小时数 T_{max}：该值可以用年发电量除以该年最大负荷得到，说明一年内负荷变化的平复程度。计算公式为

$$T_{max}=E/P_{max} \tag{1-1-13}$$

式(1-1-13)中，E 为年用电量。

年负荷率 δ：年平均负荷与年最大负荷的比值。计算公式为

$$\delta=P_{av}/P_{max} \tag{1-1-14}$$

式(1-1-14)中，P_{av} 为年平均负荷，等于年用电量除以 8 760。

1.2 负荷分类

随着社会经济发展和人民生活质量的提高，全国用电负荷屡创新高，负荷结构发生变化，对供电可靠性、电能质量和服务质量提出了更高的要求。为方便服务于负荷预测，合理规划电网结构，提升电网安全性、经济性、智能性，有必要对分类负荷进行研究。负荷可用以下指标进行分类：

(1) 按物理性能分类

负荷可分为有功负荷和无功负荷。有功负荷是指把电功率转化为其他形式的功率，在用电设备中实际消耗的功率。无功负荷一般由电路中电感或电容元件引起。负荷预测主要是有功负荷的预测，通常根据有功负荷预测结果来制订电网规划方案，并依据规划方案，进行无功平衡计算，配置合理的无功补偿设备，满足无功负荷需求。

(2) 按电能的生产、供给和销售过程分类

负荷可分为发电负荷、供电负荷和用电负荷。发电负荷是指某一时刻电力系统内各发电厂实际发电出力的总和。发电负荷减去各发电厂厂用负荷后，就是系统的供电负荷，它代表由发电厂供给电网的电力。系统的用电负荷是系统内各个用户在某一时刻所耗用电力的总和，计算方法为供电负荷减去电网中线路和变压器的损耗。本书主要研究甲省发电负荷构成和用电负荷构成，并进一步对细分行业用电负荷构成和特性进行分析。

(3) 按所属行业分类

负荷可分为国民经济行业用电和城乡居民生活用电，也可分为第一产业、第二产业、第三产业和城乡居民生活用电。其中国民经济行业用电可分为七大类，如表 1-2-1 所示。

表 1-2-1　国民经济行业划分

第一产业	农、林、牧、渔、水利业
第二产业	工业
	建筑业
第三产业	地质普查和勘探业
	交通运输、邮电通信业
	商业、公共饮食业、物资供销和仓储业
	其他事业

(4) 按负荷的重要性分类

根据对供电可靠性的要求及中断供电在政治经济上所造成的损失或影响的程度进行分级,分为一级负荷、二级负荷和三级负荷,见表 1-2-2。

表 1-2-2　负荷重要性分类

一级负荷	中断供电将造成人员伤亡
	中断供电将在政治经济上造成重大损失
二级负荷	中断供电将在政治经济上造成较大损失
	中断供电将影响重要用电单位的正常工作
三级负荷	不属于一级和二级负荷者应为三级负荷

(5) 按电价类别分类

按电价类别可分为大工业负荷、一般工商业负荷、居民负荷、农业负荷等。

大工业负荷:大工业用电特点是用电量大,用电比较稳定。如黑色及有色金属等冶炼工业,行业用电量大,而且负荷稳定,负荷率高,一般在 0.9 以上,相比其他类别负荷波动较小,用电曲线更加平稳。

农业负荷:农业用电在全部电力消耗中的比重较小,即使像我国这样的农业大国,其农业用电量在全国电力消耗中的比重仍然很低。农业用电的一个突出的特点,就是季节性很强。不同的农业生产季节,负荷变化波动较大,呈现出季度不均衡的特点。

一般工商业负荷:一般工商业用电主要包括普通工业用电、商业用电、非工业用电三大部分。一般工商业负荷主要是指商业部门的照明、空调、动力等用电负荷,其覆盖面积大,且用电增长平稳,商业负荷同样具有季节性波动的特性。虽然在电力负荷中所占比重不及工业负荷和民用负荷,但商业负荷中的照明类负荷一般产生在电力系统高峰时段。此外,商业部门由于商业行为在节假日会增加营业时间,从而成为节假日中影响电力负荷的重要因素之一。

居民负荷:居民用电就是居民生活用电,包括居民家庭生活照明、普通家用电器用电以及其他家用非营业性电器用电。居民用电不具有营利性质,它具有年年增长的趋势和明显的季节性波动特点,并且与居民的日常生活和工作的规律紧密相关。

1.3 负荷结构及特性分析意义

电力负荷特性是评价电网负荷状况的重要指标之一,它的变化趋势能体现电网用电结构、用电模式等状况的变化,准确把握电网负荷特性及其发展变化趋势是作好电力规划、计划、生产运行工作的重要基础。电力负荷特性研究是一项基础性研究,是做好电力电量平衡、新能源消纳、调峰分析、需求侧响应等研究工作的前提,主要表现在以下几个方面:

一是对电网规划运行具有指导作用。未来的电网建设要朝着安全、可靠、绿色、高效、智能的现代化电网方向迈进。在加快建设新型电力系统,推动能源清洁化转型同时,实现碳达峰碳中和,要按照能源向外传输与本地消纳并举、集中式发展与分布式发展并重的指导原则,加强电网和电源的统筹规划。其中电网规划运行就是综合实际负荷变化情况、经济效益、能源利用率以及周边地区的规划方案等,从多维度、全方面来建设电网架构,以满足现代化电网建设的目标。电网规划是建设现代化电网进程中重要的一环,其科学性、合理性和系统性直接影响着整个电网的质量,只有基于准确的最大负荷及负荷特性指标预测数据才能得到最科学、最恰当的电网规划运行方案。电力负荷结构和特性的分析可以为电网规划提供重要的参考依据。了解负荷的类型、分布和变化趋势,可以帮助规划者确定电网的容量需求、电网扩展方向和重点发展区域,以及确定合适的输电和配电设备布局,提高电网的可靠性和灵活性。

二是开展新型电力系统建设、促进新能源消纳工作的重要支撑。随着能源转型和新能源技术的发展,电力系统正朝着智能化、分布式、可再生能源集成等方向发展。电力负荷结构和特性的分析可以为新型电力系统建设提供指导。通过了解负荷的需求特点和能源供应的可行性,可以确定新能源技术的部署策略,优化能源调度和管理,实现新型电力系统的高效运行。

三是合理制定发电计划、保障电网安全稳定运行的重要基础。由于电能具有不能大量储存的特性,为实现电力电量平衡这一连接整个电力网中各发电站的发电量与所有用电设备用电量的实时平衡关系,保证合理利用电能、节约资源的同时又满足用户用电需求,需制定合理的发电计划。根据电力负荷特性进行负荷预测,分析在满足功率平衡的前提下，结合各机组出力上下限、各机组最大爬坡功率等约束条件，考虑各机组的启停以及最小停机时间等实际情况，提前编排了各机组的发电功率。

四是有助于制定需求响应政策，通过引导用户用电行为发挥保供作用。国民经济的快速发展带动用电需求的迅速增加，新型电力系统的建设使得清洁能源消纳压力增加，部分区域用电高峰时段电力供需出现季节性不平衡。需求响应不仅可以缓解电力供需紧张的局面，还有利于保护环境和节约能源，促进“双碳”目标战略的实现。通过对电力负荷结构和特性，了解负荷的弹性和可调节性，可以制定相应的需求响应政策，鼓励用户在负荷高峰期间减少用电或调整用电行为。

第2章　电力负荷结构及特性分析方法

随着“双碳”目标的推进，新型电力负荷管理系统中的负荷资源特性更复杂、负荷结构呈现多元化趋势、用户与负荷管理系统的互动业务更加深入。本章将对电力负荷结构及特性的分析方法进行具体介绍。掌握并使用这些方法可以有效地了解电力负荷概况及各个负荷组成部分的特点，为电力系统的规划和管理提供参考，对实现负荷的综合优化管理具有重要意义。

2.1　电力负荷结构分析方法

电力负荷结构分析是指对电力负荷的组成进行分析，了解各个负荷组成部分的占比和特点。电力负荷结构分析的关键是如何获取各分类负荷数据，以下将分别对发电负荷、用电负荷及行业负荷的构成及数据获取方法进行说明。

2.1.1　发电负荷构成及获取方法

一个地区的发电负荷是指该区域电力系统中各类发电厂发出电力以及从区外净购入电力的总和。发电负荷与用户用电负荷密切相关，某地区的用电负荷、厂用负荷以及线损负荷之和等于该地区的发电负荷。为保证电力系统安全稳定可靠运行，需要对电力系统发电负荷进行准确的分析和预测。发电负荷的获取方法包括以下三种：

一是直接测量法。通过测量区域内所有发电机出口母线出力以及区外联络线的交换功率，累加得到该区域的发电负荷。

二是主网负荷总加法。通过采集电力系统主电网(220 kV及以上)变电站的下网负荷数据、110 kV及以下电源的出力以及区外联络线的交换功率等关键数据，和得到该区域的发电负荷。

二是用电负荷推算法。通过系统采集得到用户的用电负荷数据，加上厂用负荷以及线损负荷数据，得到该区域的发电负荷。

2.1.2　用电负荷构成及获取方法

一个地区的用电负荷是指该区域正在运行的所有用电设备在某一时刻向电力系统取用的电功率总和，其获取方法包括以下两种：

一是直接测量法。基于电力系统用电负荷采集系统，通过安装电表来直接测量用电负荷的大小和构成，通过对采集到的用户负荷数据进行叠加，得到该地区用电负荷数据。直接测量方法能够准确地测量用电负荷大小，是负荷统计的最直接和最常用的方法之一。

二是间接推算法。基于电力系统用电负荷采集系统和低压用户远程集中抄表系统，通过采集不同用户的电量数据，结合用户受电容量及用电时间等参数，综合推算出用电负荷的大小和构成。间接推算法适用于因系统无法采集到的低压用户的用电负荷统计分析，相比于直接测量法，间接推算法不太准确，但可以覆盖更大用户数据范围。

2.1.3　行业负荷构成及获取方法

行业负荷是指某个行业内正在运行的用电设备在某一时刻向电力系统取用的电功率总和。分析行业负荷可以掌握不同时间不同行业的用电负荷分布及其变化规律，有利于准确掌握电网供需关系，从而为电网安全稳定运行、电网规划、用电负荷管理以及合理制定不同行业的电价政策提供重要支持。

根据行业用户所属分类，可以对行业用户按照电价类别和国民经济行业类别进行划分，相应的负荷数据获取方法如下：

一是汇总分类(电价行业)负荷数据。根据用户所属用电种类进行分类，逐层汇总大工业负荷、一般工商业负荷、商业负荷、普通工业负荷、非普工业负荷、非居民负荷、居民负荷、农业负荷和趸售负荷的各类负荷数据。

二是汇总国民经济行业负荷数据。根据用户所属的国民经济行业，汇总得到国民经济行业最小行业颗粒度的负荷数据；然后关联国民经济行业的上下级关系，将最小颗粒度行业的负荷值累加，得出上一级行业的负荷数据，并以此类推直至计算出全社会行业中第一产业、第二产业、第三产业和城乡居民生活用电的用电负荷信息。

2.2 电力负荷特性分析方法

负荷特性分析一般通过负荷曲线及负荷特性指标作为负荷变化的直观反映。负荷特性分析主要包括两个方面，一是对负荷特性的趋势分析，其中包括对负荷曲线以及负荷特性指标的分析；二是对影响负荷特性变化的因素分析。当前分析负荷特性的主要方法有负荷曲线分析法、聚类分析、回归分析、相关性分析等。

2.2.1 负荷曲线分析法

负荷曲线分析法是电力负荷特性分析中常用的方法之一，用于揭示负荷需求的时间分布特征。该方法通过绘制负荷曲线，即横轴表示时间，纵轴表示负荷需求，以分析负荷在不同时间段的变化规律。以下是负荷曲线分析法的基本步骤：

一是数据采集。首先，需要采集一定时间范围内的负荷数据。这可以通过电力系统中安装的负荷监测设备、智能电表或电力供应公司提供的历史负荷数据来获取。

二是数据处理。采集到的负荷数据可能是离散的点集，需要进行处理以得到连续的负荷曲线。通常会进行插值或平滑处理，以便更好地表示负荷变化的连续性。

三是负荷曲线绘制。将处理后的负荷数据绘制成负荷曲线图。横轴表示时间，可以是小时、天、月或年，纵轴表示负荷需求，通常是功率或负荷值。负荷曲线图展示了负荷在不同时间段的波动情况和负荷峰值。

四是曲线分析。对负荷曲线进行分析，揭示负荷需求的特性。可以观察和分析负荷曲线的峰值负荷、谷值负荷、负荷峰谷差、负荷因子等指标，还可以分析负荷的季节性变化、工作日和休息日的差异、特定事件对负荷的影响等。

通过负荷曲线分析法，可以获取关于负荷需求的详细信息，为电力系统规划、负荷预测、发电计划和电网调度等决策提供依据。同时，负荷曲线分析还可以帮助优化电力资源配置、电价制定和需求响应策略，提高电力系统的效率和可靠性。

2.2.2 聚类分析

聚类的目的是把具有相似特性的对象分为一类，而把具有差异的对象尽可能分开，从而实现无监督式的学习[1]。根据聚类的目的，有很多不同的方法用于聚类分析，这里简要介绍聚类基本算法及其分类。通过聚类分析可以寻找具有相似特性的对象，从而选择参考输入，开展相应的预测，所以聚类分析在预测中也属于特征选择和特征提取中的一种。传统的聚类分析计算方法主要有如下几种：

(1) 划分方法 (Partitioning methods)

给定一个有 N 个元组或者记录的数据集，用分裂法将其构造为 $K(K<N)$ 个分组，每一个分组就代表一个聚类。这 K 个分组满足下列条件：一是每一个分组至少包含一个数据记录；二是每一个数据记录属于且仅属于一个分组（此要求在某些模糊聚类算法中可以放宽）。对于给定的 K，算法首先给出一个初始的分组方法，以后通过反复迭代的方法改变分组，使得每一次改进之后的分组方案都较前一次好，而所谓好的标准就是同一分组中的纪录越近越好，而不同分组中的纪录越远越好。使用这个基本思想的算法有 K-means 算法、K-MEDOIDS 算法、CLARANS 算法。

(2) 层次方法 (Hierarchical methods)

层次方法对给定的数据集进行层次似的分解，直到某种条件满足为止。具体又可分为“自底向上”和“自顶向下”两种方案。例如在“自底向上”方案中，初始时每一个数据记录都组成一个单独的组，在接下来的迭代中，它把那些相互邻近的组合并成一个组，直到所有的记录组成一个分组或者某个条件满足为止。代表算法有 BIRCH 算法、CURE 算法、CHAMELEON 算法等。

(3) 基于密度的方法 (Density-based methods)

基于密度的方法与其他方法的根本区别是它不是基于各种各样距离的，而是基于密度的。这样就能克服基于距离的算法只能发现“类圆形”聚类的缺点。该方法的指导思想是只要一个区域中的点的密度大过某个阈值，就把它加到与之相近的聚类中去。代表算法有 DBSCAN 算法、OPTICS 算法。

(4) 基于网格的方法 (Grid-based methods)

基于网格的方法首先将数据空间划分成为有限个单元(cell)的网格结构，所有的处理都是以单个的单元为对象的。这么处理的一个突出优点是处理速度很快，通常这与目标数据库中记录的个数无关，只与把数据空间分为多少个单元有关。代表算法有 STING 算法、CLIQUE 算法、WAVE-CLUSTER 算法。

(5) 基于模型的方法 (Model-based methods)

基于模型的方法给每一个聚类假定一个模型，然后去寻找能够很好地满足这个模型的数据集。这样一个模型根据数据点在空间中的密度分布函数或者其他信息构造。该方法的潜在假定是目标数据集由一系列的概率分布所决定，通常有统计方案和神经网络方案两种尝试方向。此外聚类方法还有传递闭包法，布尔矩阵法，直接聚类法等。下面以 K-means 算法为例进行说明。

K-means 聚类问题的假设是有一组 N 个数据的集合 $X=\{x_1,x_2,x_3,\cdots,x_n\}$ 待聚类。目标是要找到 X 的一个划分 $P_k=\{C_1,C_2,C_3,\cdots,C_k\}$ 使 $f(p_x)=\sum_{i=1}^{k}\sum_{x_{i\in C_i}}d(x_i,m_i)$ 最小。其中 $m_i=1/n$，表示第 $i(i=1,\cdots,k)$ 个簇中心 m 位置；n_i 是簇 C_i 中数据项的个数；$d(x_i,m_i)$ 表示x_i 到m_i 的距离。

K-means 聚类算法的基本思想是给定一个包含 n 个数据对象的数据库，以及要生成簇的数目 k，随机选取 h 个对象作为初始的 k 个聚类中心；然后计算剩余各个样本到每一个聚类中心的距离，把该样本归到离它最近的那个聚类中心所在的类，对调整后的新类使用平均值的方法计算新的聚类中心；如果相邻两次的聚类中心没有任何变化，说明样本调整结束且聚类平均误差准则函数已经收敛。本算法在每次迭代中都要考查每个样本的分类是否正确，若不正确，就要调整。在全部样本调整完成后修改聚类中心，进入下一次迭代。如果在一次迭代算法中，所有的样本被正确分类，则不会有调整，聚类中心不会有变化。在算法迭代中值在不断减小，最终收敛至一个固定的值。该准则也是衡量算法是否正确的依据之一。K-means 聚类算法的缺陷在于它生成硬性划分的聚类，即每个数据点唯一地分配给一个且仅一个聚类。由于事先不知道实际的聚类情况，因此这可能是一种严重的局限。同时，K-means 聚类算法很容易陷入局部最优从而无法获取全局最优解，在大矢量空间搜索中性能下降。同时，K-means 聚类算法对于孤立和异常数据敏感，对非球型簇可能失效。

2.2.3 回归分析

回归分析的任务是寻找因变量(应变量)y 与自变量(解释变量)X 之间存在着的相关关系及其回归方程式 $y=f(S,X)$，这里 S 为回归模型的参数向量。为了便于说明，并未显式地在回归方程中写出时间变量 t。按自变量的多少可分为一元回归分析和多元回归分析；按照自变量与因变量之间的回归方程的类型可分为线性回归分析和非线性回归分析。本书仅涉及线性回归分析，因此仅对线性回归分析进行介绍。

(1) 一元线性回归分析

一元回归分析是基于曲线拟合的预测方法，即根据自变量与因变量的记录值，确定适当的函数类型及相应的参数，拟合一条“最佳”的曲线(往往被称为配曲线问题)，然后将此曲线外延至未来的适当时刻，在已知自变量取值时得到因变量的预测值。其中，最基础的是一元线性回归分析。

一元线性回归分析的模型可表述为

$$y=f(S,X)=a+bx \tag{2-2-1}$$

其中 $S=[a,b]^{T}$。设已知自变量、因变量在历史时段 $1\leqslant t\leqslant n$ 的取值分别为 $x_1,x_2,\cdots,x_n$ 和 $y_1,y_2,\cdots,y_n$，自变量在未来时段 $n+1\leqslant t\leqslant N$ 的取值为 $x_{n+1},x_{n+2},\cdots,x_N$，则残差平方和为

$$Q=\sum_{t=1}^{n} v_t^{\ 2}=\sum_{t=1}^{n}[y_t-(a+bx_t)]^2 \tag{2-2-2}$$

按最小二乘法，使 Q 取极小值。令

$$\frac{\partial Q}{\partial a}=-2\sum_{t=1}^{n}(y_t-a-bx_t)=0 \tag{2-2-3}$$

$$\frac{\partial Q}{\partial b}=-2\sum_{t=1}^{n}x_t(y_t-a-bx_t)=0 \tag{2-2-4}$$

可解得

$$b=\left[\sum_{t=1}^{n}(x_t-\bar{x})(y_t-\bar{y})\right]/\left[\sum_{t=1}^{n}(x_t-\bar{x})^2\right] \tag{2-2-5}$$

$$a=\bar{y}-b\bar{x} \tag{2-2-6}$$

其中 $\bar{x}=\frac{1}{n}\sum_{t=1}^{n}x_t$，$\bar{y}=\frac{1}{n}\sum_{t=1}^{n}y_t$。由此确定了回归方程中的 $S=[a,b]^{T}$，从而用式(2-2-1)进行预测。

(2) 多元线性回归分析

多元线性回归预测模型可表述为

$$y=f(S,X)=s_0+\sum_{i=1}^{m}s_i x_i \tag{2-2-7}$$

可采用类似一元线性回归的方法对其中的参数进行估计，然后用于预测。

2.2.4　相关性分析

相关分析是指对两个或多个具备相关性的变量元素进行分析，从而衡量两个因素的相关密切程度，相关性的元素之间需要存在一定的联系或者概率才可以进行相关性分析。相关性分析解决以下两个问题：一是判断两个或多个变量之间的统计学关联；二是如果存在关联，进一步分析关联强度和方向。工程实际中一般只进行双变量相关性分析。相关系数有 Spearman 秩相关系数、Pearson 相关系数等。

(1) Spearman 秩相关系数

该系数利用两变量的秩次大小作线性相关分析，对原始变量的分布不作要求，属于非参数统计方法。即使原始数据是等级资料可以计算 Spearman 相关系数。如果数据

中没有重复值，并且当两个变量完全单调相关时，Spearman 相关系数则为＋1 或－1。即使相关系数出现异常值，由于异常值的秩次通常不会有明显的变化（比如过大或者过小，那要么排第一，要么排最后），所以对 Spearman 相关系数的影响也非常小。

定义

$$\rho=\frac{\sum_{i=1}^{n}(x_i-\bar{x})(y_i-\bar{y})}{\sqrt{\sum_{i}(x_i-\bar{x})^2}\sqrt{\sum_{i=1}^{n}(y_i-\bar{y})^2}} \tag{2-2-8}$$

为等级变量之间的 Pearson 相关系数。其中，x_i，y_i 为原始变量 X_i，Y_i 经过等级映射得到，具体映射方式可以取每个原始数据的降序位置的平均。

记 $d_i=x_i-y_i$，相关系数简化的计算公式为

$$\rho=1-\frac{6\sum d_i^2}{n(n^2-1)} \tag{2-2-9}$$

（2）Pearson 相关系数

用于度量两个随机变量 X 和 Y 之间的相关程度（线性相关），其值介于－1 与 1 之间，定义为两个变量的协方差除以他们的标准差之积，如

$$r_{X,Y}=\frac{cov(X,Y)}{\sigma_X\sigma_Y}=\frac{E[(X-\mu_X)(Y-u_Y)]}{\sigma_X\sigma_Y} \tag{2-2-10}$$

所示。式(2-2-10)中，cov(X,Y)为变量 X 和 Y 的协方差；$E[\cdot]$为期望；μ 为均值；σ 为标准差。其具体计算公式为[2]

$$r_{X,Y}=\frac{\sum_{i=1}^{n}(X_i-\bar{x})(Y_i-\bar{y})}{\sqrt{\sum_{i=1}^{n}(X_i-\bar{x})^2}\sqrt{\sum_{i=1}^{n}(Y_i-\bar{y})^2}} \tag{2-2-11}$$

Pearson 相关系数的统计效能比 Spearman 相关系数要高一些，即更容易检测出两者事实上存在的相关关系。本书主要采用 Pearson 相关系数进行分析。

第 3 章　甲省电力负荷现状

“十三五”以来，随着甲省经济的快速增长，全省最大用电负荷不断攀升，负荷特性也表现出新的特点，给电网安全和经济运行带来了巨大挑战。本章将分别对甲省负荷结构、甲省省用电负荷特性、分类用电负荷特性以及典型地区的负荷特性等现状开展实证分析，揭示甲省负荷特性发展变化规律。

3.1　甲省负荷结构

3.1.1　按电价类别划分

按电价类别划分，用电负荷可分为大工业负荷、一般工商业负荷、农业负荷、居民负荷、趸售负荷。

(1) 大工业负荷[3]

大工业负荷是指受电变压器总容量在 315 kV·A 及以上的冶炼、烘焙、电解、电化等工业企业，开展工业生产所消耗的用电负荷。甲省大工业负荷在电力系统负荷总量中所占比例处于首位，是甲省用电负荷最重要的组成部分。大工业负荷的主要特点如下：一是由于大工业用户生产较为连续，与其他产业相比，大工业用电负荷典型日负荷率相对较高。二是大工业负荷随季节变化呈周期波动，在月时间尺度内，下半月用电负荷高于上半月，在年时间尺度内，下半年用电负荷高于上半年。三是大工业负荷受电价影响较大，部分生产规模较小、用电成本占比较高的大工业用户，负荷曲线受分时电价影响，低谷电价时段负荷明显高于高峰电价时段。总体来说，大工业用电负荷基数较大，外界自然环境的变化对负荷整体变化的影响较小，日负荷曲线波动程度较小。

（2）一般工商业负荷[3]

一般工商业负荷主要包括普通工业负荷、商业负荷和非居民负荷三个部分。其中普通工业负荷是指受电变压器容量在315 kV·A以下的冶炼、电解、电化等工业企业所消耗的用电负荷；商业负荷是指从事商品交换，提供有偿服务等非公益性场所用电负荷；非居民负荷是指除居民生活用电以外的，包括机关、部队、医院、学校、福利院等用户用电负荷。一般工商业负荷的主要特点如下：一是一般工商业用电负荷随季节而变化，并有一定的周期，夏冬季节的降温和取暖负荷占比较大。二是一般工商业覆盖面积广且随着社会经济的增长和发展，一般工商业负荷占负荷总量的比重也逐渐增长。三是一般工商业用户由于用电的不连续性，因此其日负荷波动幅度较大，日负荷率偏低。总体来说，一般工商业负荷受气候、温度和节假日的影响较大，日负荷波动程度较大，电价对负荷的影响相对较低。

（3）居民负荷[3]

居民负荷主要是指居民生活使用各类电气设备所消耗的负荷。居民负荷的主要特点如下：一是居民负荷具有显著的季节性波动特征，居民用电负荷占负荷总量的份额越大，电力系统中负荷总量受季节性变化的影响越显著。二是居民负荷随着经济增长而平稳增长，且居民负荷占系统的负荷总量的比例日趋增大，目前甲省调度最大负荷时刻居民负荷占比已超过50%，在各类负荷中占比排名第一。三是居民负荷与人们生活作息规律密切相关，日负荷波动幅度较大，日负荷率偏低，居民生活用电负荷的高峰与电力系统负荷高峰时段基本重叠。

（4）农业负荷[3]

农业负荷是指用于农业生产所用负荷。农业负荷的主要特点如下：一是农业用电负荷较低，占电力系统负荷总量比重最小。二是农业负荷随农业生产的开展，在月内、季度内和年内便呈现一定的周期波动变化。三是由于农业生产的特殊性，气温气候、季节等自然条件的变化对农业用电负荷影响很大，如我国南方地区普遍降雨较多，雨季农业生产排涝的用电负荷较大，而北方地区普遍少雨，用于农作物灌溉的用电负荷需求较大。

2020—2022年期间甲省各行业平均负荷以及对应占比如表3-1-1所示。从结构看，2022年大工业平均负荷占比最高，达38.7%；居民平均负荷次之，占比37.0%；一般工商业平均负荷占比22.6%；农业平均负荷占比最低，为1.7%。

表 3-1-1　2020—2022 年甲省各行业平均负荷及占比

年份	2020 年		2021 年		2022 年	
项目	平均负荷/万 kW	占比	平均负荷/万 kW	占比	平均负荷/万 kW	占比
大工业	820.0	39.60%	949.6	40.60%	945.5	38.70%
一般工商业	460.0	22.20%	535.1	22.90%	552.0	22.60%
居民	762.0	36.80%	819.2	35.00%	905.3	37.00%
农业	29.2	1.40%	35.0	1.50%	43.2	1.70%

3.1.2　按产业类别划分

按产业类别划分，用电负荷主要分为产业用电负荷和居民生活用电负荷两大类。其中，产业用电负荷包括第一产业、第二产业、第三产业所有用电负荷的总和。居民生活用电负荷包括城镇和乡村居民家庭照明、家用电器等生活用电负荷。具体产业用电负荷分类如表 3-1-2 所示。

表 3-1-2　产业用电负荷分类*

产业类别	行业类别	行业细分
第一产业	农、林、牧、渔业	农业
		林业
		畜牧业
		渔业
		农、林、牧、渔专业及辅助性活动
第二产业	工业	采矿业
		制造业
	建筑业	电力、热力、燃气及水生产和供应业
第三产业	交通运输、仓储和邮政业	—
	信息传输、软件和信息技术服务业	—
	批发和零售业	—
	住宿和餐饮业	—
	金融业	—
	房地产业	—
	租赁和商务服务业	—
	公共服务及管理组织	—

*：上表中按照 133 个用电行业分类进行划分，对第二产业中的建筑业、第三产业中所有行业不作进一步细分。

第一产业负荷包括开展农、林、牧、渔等行业消耗的用电负荷。这类负荷主要包括从事各种农作物种植活动时消耗的电力负荷；开展林木的培育、种植、抚育、采伐、运输过程中消耗的电力负荷；为获得各种畜禽而从事的动物饲养活动中消耗的电力负荷；在海洋、内陆水域养殖和捕捞活动时消耗的电力负荷以及对农、林、牧、渔业生产活动进行各种支持性服务时消耗的电力负荷。第一产业负荷受农业生产和季节的影响较大。比如，秋季第一产业负荷一般大于其他季节。此外，由于我国地域广阔，各地气候的不同，地理位置也会对这类负荷产生较大的影响，比如，一场大雨对北方干旱地区可能造成农业负荷骤降，对南方可能造成排涝用电负荷剧增。

第二产业负荷包括开展工业和建筑业生产消耗的用电负荷。其中，工业负荷是指工业企业用于工业生产的用电负荷，包括提供生活消费品、制作手工工具的轻工业用电负荷和为国民经济各部门提供物质技术基础的重工业用电负荷。按其行业性质可以将工业分为：

(1) 采矿业，具体包括煤炭采选、石油天然气开采、黑色金属矿采选、有色金属矿采选、非金属矿采选。主要为国民经济生产提供物质生产资料。

(2) 制造业，具体包括食品、饮料及烟草制造，纺织、服装加工，木材加工及家具制造，造纸业，印刷业，文教体育用品制造、石油加工、化学工业、医药工业、橡胶及塑料制品、非金属矿物加工、黑色金属加工、有色金属加工、金属制品、机械设备制造、交通运输及电气电子设备制造、工艺品制造等。主要是将原材料经过物理或化学变化，产生新的产品。

(3) 电力、热力、燃气及水的生产和供应负荷，包括发电厂的厂用电、线路损失负荷，燃气和水生产在供应过程中消耗的电力负荷。

第三产业主要包括交通运输业、批发零售业、住宿餐饮业、房地产和商业等。第三产业负荷主要包括交通运输行业中的动力用电负荷，住宿餐饮、批发零售行业中为客户提供的相关服务消耗的电力负荷，商业活动中的照明、空调负荷等。第三产业负荷的主要特点是覆盖面积广、用电增长平稳，并且容易随季节和气温变化而产生较大的波动。虽然甲省第三产业负荷在电力负荷中所占比重低于第二产业和居民负荷，但第三产业负荷受气候、节假日和用电习惯影响，短时波动较大，峰谷差异明显，其用电特性更容易导致尖峰负荷的出现，是影响电力负荷的重要因素之一[4]。

2020—2022 年期间甲省各产业平均负荷以及对应占比如表 3-1-3 所示。近年来，随着第三产业的高速发展，以及农业生产机械化的逐渐普及，第一产业和第三产业的用电平均负荷有比较大的提升，相比之下第二产业用电平均负荷虽然也有所上涨，但是增速没有第一产业和第三产业快，因此在负荷占比上第一、第三产业负荷占比表现为上升趋势，而第二产业负荷占比表现为下降趋势。

表 3-1-3　2020—2022 年甲省各产业平均负荷及占比

年份	2020 年		2021 年		2022 年	
项目	平均负荷/万 kW	占比	平均负荷/万 kW	占比	平均负荷/万 kW	占比
第一产业	10.8	0.6%	22.7	1.1%	29.4	1.4%
第二产业	724.0	42.9%	845.9	42.1%	854.6	40.0%
第三产业	317.9	18.8%	456.3	22.7%	498.6	23.3%

3.2　甲省电网负荷特性分析

本研究通过系统分析甲省电网近年用电负荷的时序特征，发现不同时间维度下的用电模式存在明显差异。从全年范围看，夏季和冬季的用电总量显著高于春秋季，电力设备持续运行时间处于较高水平，用电高峰与低谷的差值呈现逐年扩大趋势。在月度变化方面，夏季月份的用电波动幅度明显大于其他季节，每月用电量分布的均衡性在高温时段有所下降。具体到每日用电规律，不同季节的典型日负荷曲线呈现差异化特征，夏季日间用电波动幅度尤为突出，温度变化对负荷特性的影响在特定时段表现得最为显著。

3.2.1　年负荷特性分析

(1) 年负荷曲线

甲省电网 2017—2022 年各月最大负荷见表 3-2-1，年负荷曲线如图 3-2-1 所示。由分析可知，自 2017 年以来甲省电网年负荷曲线具有以下特点：

一是甲省调度最大负荷逐年递增。由 2017 年的 3 171.6 万 kW 增长至 2022 年的 4 810.8 万 kW，年均增长 8.7%。

二是负荷曲线呈“W”形，全年明显存在夏季和冬季两个高峰。甲省电网的用电高峰呈现典型季节规律，每年高温时段的用电最高点多集中在七、八月间，寒冷时段的用电峰值则多出现在年初或年末的寒冷月份。

三是随着年最大负荷的升高，甲省夏冬季负荷与春秋季负荷差值变大。其中春季负荷为夏季负荷的 0.66～0.75 倍，秋季负荷为冬季负荷的 0.77～0.90 倍，冬季负荷是夏季负荷的 0.91～1.04 倍。究其原因是月负荷的峰谷差率基本保持稳定，所以随着最大负荷的增加，夏冬季负荷与春秋季负荷的差值变大。

表 3-2-1　2017—2022 年甲电网各月最大负荷

时间	2017 年	2018 年	2019 年	2020 年	2021 年	2022 年
1 月	2 697.6	3 314.4	3 522	3 498	3 854.4	3 838.8
2 月	2 628	3 122.4	3 301.2	2 610	3 188.4	4 050
3 月	2 294.4	2 439.6	2 859.6	2 637.6	3 154.8	3 164.4
4 月	1 911.6	2 142	2 265.6	2 526	2 851.2	2 746.8
5 月	1 858.8	2 535.6	2 239.2	2 688	2 856	2 650.8
6 月	1 950	3 031.2	2 865.6	3 295.2	3 812.4	3 618
7 月	3 079.2	3 351.6	3 536.4	3 580.8	4 324.8	4 549.2
8 月	3 171.6	3 087.6	3 591.6	3 969.6	4 075.2	4 810.8
9 月	2 581.2	2 923.2	3 248.4	3 237.6	3 955.2	3 531.6
10 月	2 228.4	2 208	2 724	2 631.6	3 344.4	3 714
11 月	2 668.8	2 486.4	3 207.6	3 439.2	3 439.2	3 601.2
12 月	2 954.4	3 505.2	3 252	3 710.4	4 128。	4 045.2
最大负荷	3 171.6	3 505.2	3 591.6	3 969.6	4 324.8	4 810.8
夏季最大负荷/万 kW	3 171.6	3 351.6	3 591.6	3 969.6	4 324.8	4 810.8
冬季最大负荷/万 kW	2 954.4	3 505.2	3 522	3 710.4	4 128	4 050
夏冬负荷之差/万 kW	217.2	−153.6	69.6	259.2	196.8	760.8

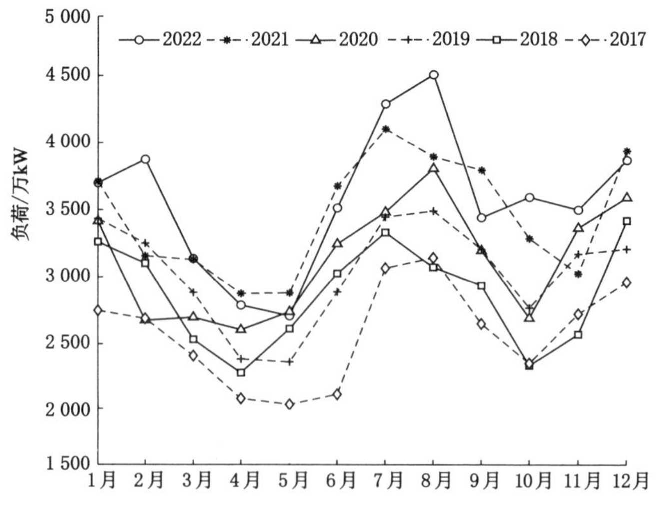

图 3-2-1　2017—2022 年甲省电网年最大月负荷曲线

(2) 峰谷差

甲省电网2017—2022年的年最大日峰谷差及年最大日峰谷差率如表3-2-2及图3-2-2和图3-2-3所示。由历史数据分析可知:

一是峰谷差呈逐年上升趋势。2017—2022年期间甲省最大峰谷差年均增速为8.1%,年平均峰谷差年均增速为5.9%。随着甲省最大负荷的逐年增加,峰谷差也呈上升趋势。

二是年最大峰谷差率一般出现在春节期间。这种波动变化主要源于春节期间用电结构的根本性转变:持续运转的工厂用电量显著下降,而具有明显时段特征的居民生活用电占比大幅提升。当稳定运行的工业用电退居次席,伴随人们作息波动的照明、取暖等生活用电主导电网负荷时,每日用电量的波峰波谷差值自然呈现放大现象。

三是年最大峰谷差率和年平均峰谷差率呈波动下降趋势。观察数据显示,甲省电网的用电峰谷波动在2017至2022年间呈现缓和趋势。具体来看,全年最大用电峰谷波动幅度从2017年的0.567逐步下降到2022年的0.538,而全年平均波动幅度也由0.368降低至0.327。这种变化与多重因素密切相关:2018年后,随着工厂用电需求回升、电动汽车数量持续增长以及分时段电价措施的推行,全省用电模式逐渐趋向平稳,昼夜用电量的差值呈现出收窄态势。

表3-2-2　2017—2022年甲省电网峰谷差

指标	2017年	2018年	2019年	2020年	2021年	2022年
年最大峰谷差/万kW	1 365.6	1 692	1 776	1 718.4	1 827.6	2 019.6
年最大峰谷差日	2月2日	12月28日	1月2日	1月27日	12月28日	1月31日
年最大峰谷差率/万kW	0.567	0.54	0.577	0.596	0.527	0.538
年最大峰谷率日	2月1日	2月15日	2月4日	1月27日	2月11日	1月31日
年平均峰谷差/万kW	810	903.6	990	1 014	1 040.4	1 076.4
年平均峰谷差率/万kW	0.368	0.363	0.37	0.368	0.341	0.327

(3) 年最大负荷利用小时数 T_{max}

2017—2022年甲省电网调度 T_{max} 统计情况见表3-2-3,其变化趋势图见图3-2-4。

由历史数据统计可知,2017—2022年期间甲省电网的调度用电量年均增长8.4%,低于调度最大负荷的年均增长率8.7%。2017年甲省电网调度最大负荷利用小时数为4 975 h,2022年为4 903 h,较2017年下降72 h,总体呈现波动下降的趋势。

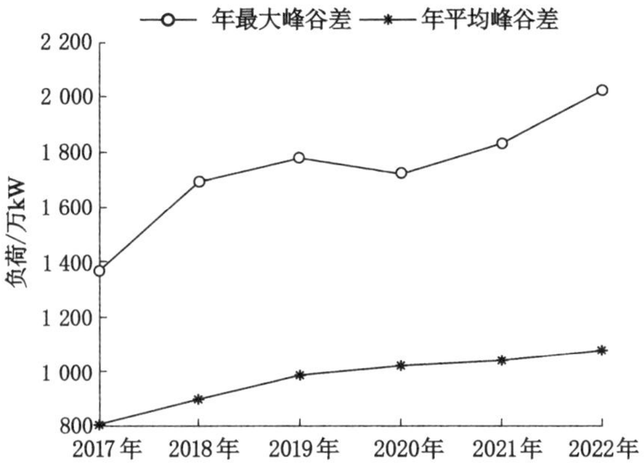

图 3-2-2　2017—2022 年甲省电网年最大峰谷差及年平均峰谷差曲线

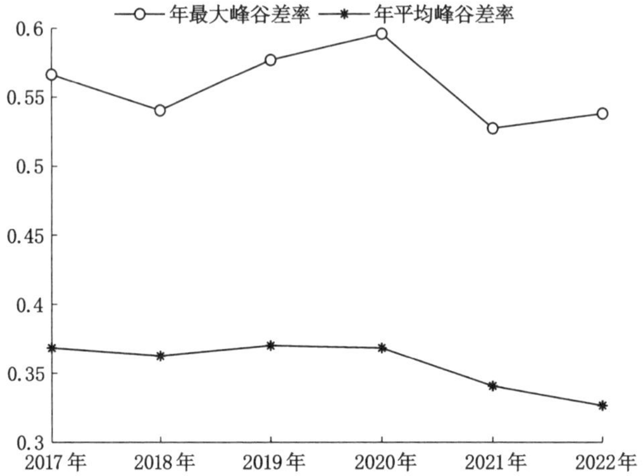

图 3-2-3　2017—2022 年甲省电网年最大峰谷差率及年平均峰谷差率曲线

表 3-2-3　2017—2022 年甲省电网调度 T_{max} 等指标

年份	2017 年	2018 年	2019 年	2020 年	2021 年	2022 年	年均增长率
调度电量/h	1 315.2	1 488.1	1 604.1	1 667.4	1 882.5	1 965.5	8.4%
调度电量增长率	7.4%	13.15%	7.8%	3.9%	12.9%	4.4%	/
调度最大负荷/亿 kW·h	2 643.4	2 912.2	2 992.6	3 307.8	3 603.9	4 009	8.7%
调度最大负荷增长率	11.4%	10.2%	2.8	10.5%	9.0%	11.2%	/
调度 T_{max}/万 kW	4 975	5 110	5 360	5 041	5 224	4 903	−0.29%
调度 T_{max} 同比增减	−183	135	250	−319	183	−321	/

（4）季不均衡系数

季不均衡系数反映了一年内月最大负荷分布的不均衡性，2017—2022 年期间甲省

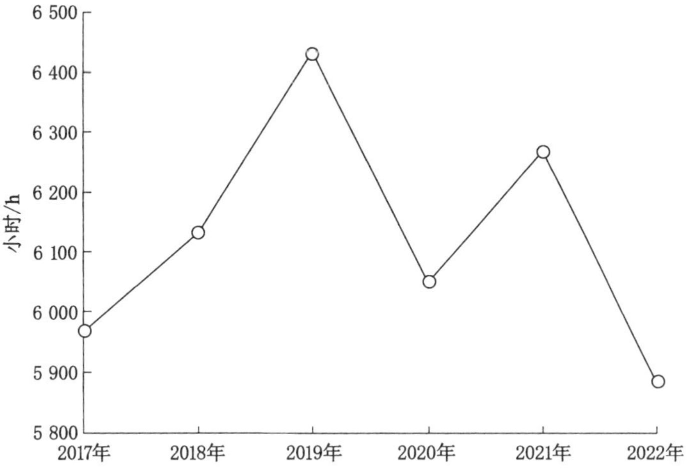

图 3-2-4 甲省电网调度 T_{max} 变化曲线

电网的季不均衡系数如表 3-2-4 所示。由历史数据分析可知，甲省电网的季不均衡系数在 0.768～0.850 范围内，随着经济的持续发展，用电结构的不断改善，使得用电负荷分布更加均匀，季不均衡系数总体呈现上涨态势。2022 年夏季，甲省遭遇 1961 年以来最严重极端连晴高温天气，平均气温较同期高 2.7 ℃，降温负荷激增，用电负荷波动幅度明显增大，当年季不均衡系数有所下降。

表 3-2-4 2017—2022 年甲省电网季不均衡系数

年份	2017	2018	2019	2020	2021	2022
季不均衡系数	0.790	0.812	0.850	0.794	0.820	0.768

(5) 年负荷率、年平均日负荷率及年最小负荷率

2017—2022 年甲省电网负荷率等指标统计表如表 3-2-5 及图 3-2-5 所示。由分析可知，甲省电网负荷率具有以下特点：

一是 2017—2019 年期间甲省电网年负荷率、年平均日负荷率总体均呈现逐渐上升的趋势。三年间，年负荷率从 0.567 增加至 0.612，年平均日负荷率从 0.822 增长至 0.832。电网运行的平稳程度主要取决于工厂持续用电的比例，当连续生产的工厂用电占比较大时，全年的用电曲线会更为平缓。观察发现，在 2017 至 2019 年间，随着当地工厂持续用电量的稳步增加，全省用电量的昼夜变化幅度逐渐收窄，整体用电模式呈现更为均衡的特征。

二是 2020 年全省年负荷率、年平均日负荷率等指标下降较快。分别降低至 0.583

和0.827。这种变化主要源于新冠疫情对生产领域的多重冲击：企业普遍面临原料供应不畅、资金周转困难、订单数量缩减以及运输通道受阻等现实挑战，直接导致全省工厂等生产单元的用电量占比出现显著下降。

三是2021—2022年期间甲省电网负荷率、年平均日负荷率等指标又有所上升。分别上升至0.575和0.845。主要原因是疫情逐渐平稳，企业有序复工复产，工业用电景气度回升。

表3-2-5　2017—2022年甲省电网负荷率等指标

年份	2017	2018	2019	2020	2021	2022
年负荷率	0.567	0.583	0.612	0.582	0.600	0.575
年平均日负荷率	0.822	0.824	0.832	0.827	0.838	0.845
年最小负荷率	0.433	0.460	0.423	0.404	0.473	0.462

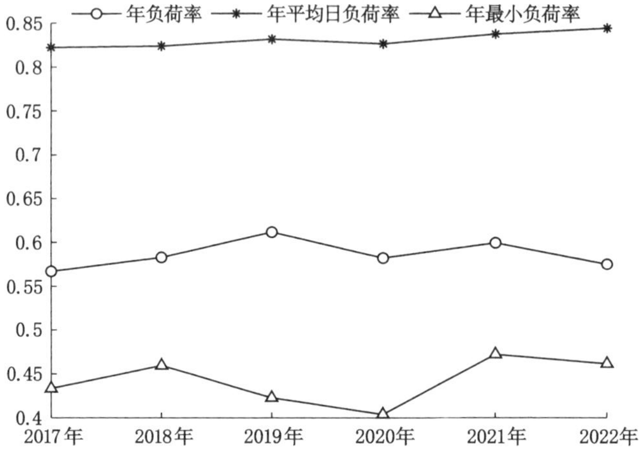

图3-2-5　2017—2022年甲省电网负荷率等指标曲线

3.2.2　月负荷特性分析

（1）月平均日负荷率

2017—2022年甲省电网各月的月平均日负荷率如表3-2-6及图3-2-6所示。根据各月的月平均日负荷率的统计情况，可以归纳总结出甲省电网四个季节的平均日负荷率水平的差异情况，如表3-2-7所示。由分析可知，甲省月平均日负荷率有如下特点：

一是甲省月平均日负荷率曲线呈现"凸"字形趋势。甲省企业的生产活动呈现季节性波动特征。每年初企业接收新订单后，春节假期结束便进入密集生产阶段，使得春夏秋三季的工业用电持续处于高位，这一时期的每日用电量波动较小，整体用电更为平稳。

二是春节所在月份月平均日负荷率在全年的各月中最小。春节期间的用电模式呈现独特规律，当大多数工厂进入年度休整期时，全省用电结构发生显著改变：持续运转的工业设备用电骤减，而居民生活用电的时段性需求占据主导。这种生产活动的集体“休眠”，使得电网负荷的昼夜波动明显加剧，最终形成全年中用电量起伏最为显著的特殊时段。

三是甲省夏季的月平均日负荷率在四季中为最高。一方面，由于夏季是生产旺季，工业企业全力生产，因此夏季全省工业用电占比较高；另一方面，由于甲省夏季气候炎热，各行业和居民生活在夜间使用空调的概率在各季节中最高，导致夏季夜间负荷较高，平均日负荷率在四季中最高。

表 3-2-6　2017—2022 年甲省电网月平均日负荷率

时间	2017 年	2018 年	2019 年	2020 年	2021 年	2022 年
1 月	0.785	0.803	0.798	0.787	0.823	0.819
2 月	0.786	0.779	0.777	0.740	0.789	0.799
3 月	0.812	0.817	0.818	0.810	0.832	0.844
4 月	0.833	0.837	0.841	0.827	0.844	0.855
5 月	0.817	0.850	0.848	0.847	0.852	0.859
6 月	0.850	0.855	0.857	0.864	0.864	0.864
7 月	0.861	0.866	0.863	0.872	0.875	0.872
8 月	0.867	0.871	0.868	0.876	0.868	0.877
9 月	0.850	0.845	0.854	0.860	0.880	0.881
10 月	0.830	0.818	0.833	0.828	0.851	0.863
11 月	0.801	0.803	0.815	0.823	0.831	0.850
12 月	0.805	0.796	0.811	0.827	0.831	0.814

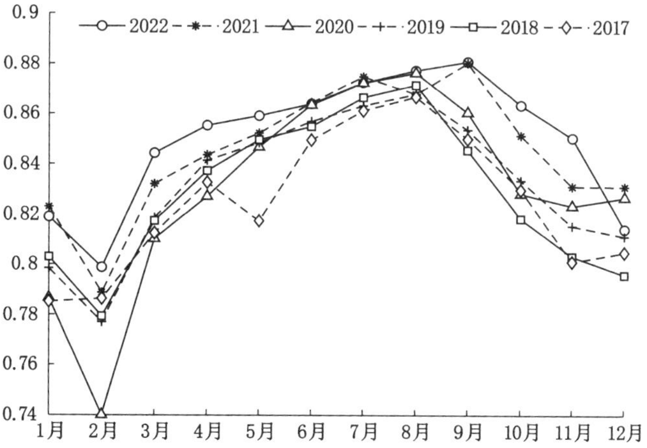

图 3-2-6　2017—2022 年甲省电网月平均日负荷率曲线

表 3-2-7　2017—2022 年甲省电网各季平均日负荷率

时间	2017 年	2018 年	2019 年	2020 年	2021 年	2022 年
春季	0.821	0.835	0.836	0.828	0.843	0.853
夏季	0.859	0.864	0.863	0.871	0.869	0.871
秋季	0.827	0.822	0.834	0.837	0.854	0.865
冬季	0.792	0.793	0.795	0.785	0.814	0.811

（2）月最小负荷率

2017—2022 年甲省电网各月的月最小负荷率如表 3-2-8 及图 3-2-7 所示。根据各月的月最小负荷率的统计情况，可以归纳总结出甲省电网四个季节的日最小负荷率水平差异情况如表 3-2-9 所示。由分析可知，甲省月最小负荷率有如下特点：

一是甲省月最小日负荷率曲线呈现“凸”字形趋势。年初与年末的月最小日符合率一般在 0.4～0.55，而夏季则普遍高于 0.6。随着冬季临近岁末，全省生产活动进入年度收尾阶段，工厂用电需求明显减弱。这种生产节奏的季节性放缓，使得电网负荷的昼夜波动幅度显著扩大，形成全年中用电量起伏最为显著的时段。

二是春节所在月份甲省月最小日负荷率最低。在大多数情况月最小日负荷率介于 0.4 和 0.5 之间。受春节放假影响，春节所在月份工业用电比重最低，负荷波动较大，因此月最小负荷率在全年各月中为最小。

三是甲省夏秋两季的月最小日负荷率较高。该时段月最小日负荷率普遍在 0.6 以上，部分月份甚至高达 0.685。这种用电特征的形成，缘于工厂持续用电与居民降温需求的双重作用。

表 3-2-8　2017—2022 年甲省电网月最小负荷率

时间	2017 年	2018 年	2019 年	2020 年	2021 年	2022 年
1 月	0.454	0.512	0.486	0.404	0.545	0.462
2 月	0.433	0.460	0.423	0.423	0.473	0.468
3 月	0.543	0.527	0.522	0.519	0.548	0.581
4 月	0.629	0.612	0.613	0.573	0.577	0.639
5 月	0.589	0.585	0.622	0.617	0.594	0.644
6 月	0.606	0.646	0.629	0.603	0.615	0.627
7 月	0.628	0.626	0.646	0.635	0.625	0.675
8 月	0.623	0.612	0.629	0.659	0.629	0.641
9 月	0.630	0.590	0.629	0.645	0.624	0.685

表3-2-8(续)

时间	2017 年	2018 年	2019 年	2020 年	2021 年	2022 年
10 月	0.605	0.602	0.604	0.582	0.658	0.669
11 月	0.557	0.547	0.548	0.552	0.618	0.594
12 月	0.553	0.501	0.542	0.540	0.553	0.552

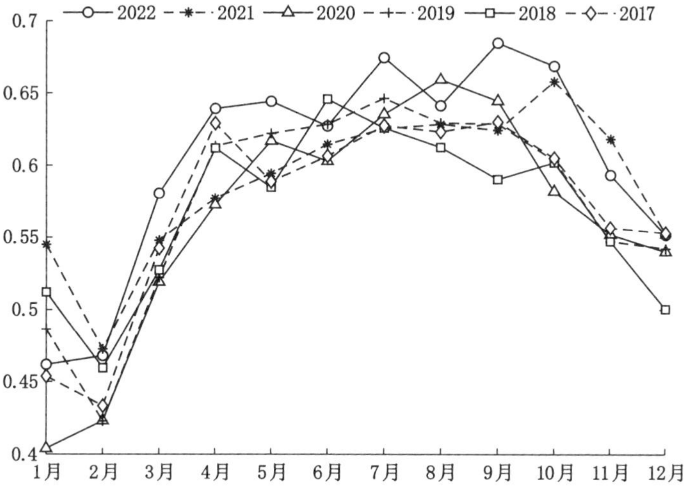

图 3-2-7　2017—2022 年甲省电网月最小负荷率曲线

表 3-2-9　2017—2022 年甲省电网各季日最小负荷率

时间	2017 年	2018 年	2019 年	2020 年	2021 年	2022 年
春	0.543	0.527	0.522	0.519	0.548	0.621
夏	0.606	0.612	0.629	0.603	0.615	0.648
秋	0.557	0.547	0.548	0.552	0.618	0.649
冬	0.433	0.460	0.423	0.404	0.473	0.494

(3) 月最大日峰谷差及月最大日峰谷差率

2017—2022 年甲省电网各月的月最大日峰谷差及月最大日峰谷差率如表 3-2-10 及图 3-2-8 所示。根据各月最大日峰谷差及月最大日峰谷差率统计情况，可以归纳总结出甲省电网四个季节的最大日峰谷差及最大日峰谷差率水平差异情况，如表 3-2-11 所示。由分析可知，甲省月最大日峰谷差及月最大日峰谷差率有如下特点：

一是甲省月最大峰谷差率曲线总体呈现"凹"字形趋势。年初和年末普遍高于 0.45，而夏季一般低于 0.4。寒冬时节的用电特性呈现显著变化。当工厂进入年度生产淡季，持续稳定的工业用电需求逐步减弱，而受昼夜温差影响的居民供暖用电需求明显攀升。

二是春节所在月份甲省峰谷差率最高。在大部分年份在 0.55 上下徘徊。当春节的节日氛围笼罩城乡，工厂进入年度休整期，稳定运行的工业用电快速退去，而居民生活用电的时段性需求则此起彼伏。这种生产与生活用电的“季节换防”，使得电网负荷也呈现出相应的波动。

表 3-2-10　2017—2022 年甲省电网月最大日峰谷差和月最大日峰谷差率 单位：万 kW

时间	2017 年		2018 年		2019 年		2020 年		2021 年		2022 年	
项目	月最大日峰谷差	月最大日峰谷差率	月最大日峰谷差	月最大日峰谷差率	月最大日峰谷差	月最大日峰谷差率	月最大日峰谷差	月最大日峰谷差率	月最大日峰谷差	月最大日峰谷差率	月最大日峰谷差	月最大日峰谷差率
1 月	1 249.56	0.546	1 588.2	0.488	1 776.36	0.514	1 718.28	0.596	1 646.76	0.455	2 019.6	0.538
2 月	1 366.08	0.567	1 493.52	0.54	1 726.08	0.577	1 492.56	0.577	1 451.04	0.527	2 012.16	0.532
3 月	1 025.76	0.457	1 127.76	0.473	1 366.08	0.478	1 234.8	0.481	1 409.88	0.452	1 255.56	0.419
4 月	709.2	0.371	809.28	0.388	875.64	0.387	1 022.76	0.427	1 205.4	0.423	943.32	0.361
5 月	764.28	0.411	851.76	0.415	751.44	0.378	965.16	0.383	1 052.04	0.406	870.84	0.356
6 月	741.96	0.394	1 004.88	0.354	962.64	0.371	1 169.88	0.397	1 421.16	0.385	1 126.92	0.373
7 月	1 082.52	0.372	1 134.72	0.374	1 171.8	0.354	1 255.08	0.365	1 385.28	0.375	1 455.84	0.325
8 月	1 093.44	0.377	1 033.68	0.388	1 271.52	0.371	1 279.32	0.341	1 325.04	0.371	1 423.32	0.359
9 月	872.76	0.37	1 151.28	0.41	1 071.6	0.371	1 002.96	0.355	1 230.96	0.376	1 026.12	0.315
10 月	811.8	0.395	859.44	0.398	965.76	0.396	992.28	0.418	1 011.48	0.342	1 141.56	0.331
11 月	1 177.68	0.443	1 125.36	0.453	1 431	0.452	1 536.24	0.448	1 145.52	0.382	1 463.88	0.406
12 月	1 317.24	0.447	1 692.24	0.499	1 460.76	0.458	1 691.88	0.46	1 827.72	0.447	1 812	0.448

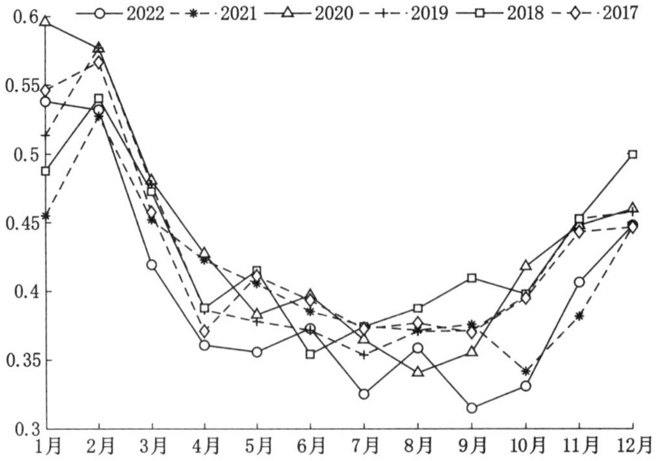

图 3-2-8　2017—2022 年甲省电网月最大峰谷差率变化曲线

表 3-2-11　2017—2022 年甲省电网各季月最大日峰谷差和月最大日峰谷差率

年份		季节			
		春季	夏季	秋季	冬季
2017	月最大日峰谷差/万 kW	1 025.76	1 093.44	1 177.68	1 317.24
	月最大日峰谷差率	0.457	0.394	0.443	0.567
2018	月最大日峰谷差/万 kW	1 127.76	1 134.72	1 151.28	1 692.24
	月最大日峰谷差率	0.473	0.388	0.453	0.54
2019	月最大日峰谷差/万 kW	1 366.08	1 271.52	1 431	1 776.36
	月最大日峰谷差率	0.478	0.378	0.452	0.577
2020	月最大日峰谷差/万 kW	1 234.8	1 279.32	1 536.24	1 718.28
	月最大日峰谷差率	0.481	0.397	0.448	0.596
2021	月最大日峰谷差/万 kW	1409.88	1421.16	1230.96	1828.44
	月最大日峰谷差率	0.452	0.385	0.382	0.527
2022	月最大日峰谷差/万 kW	1 255.56	1 455.84	1 463.88	2 019.6
	月最大日峰谷差率	0.419	0.373	0.406	0.538

（4）月负荷率

月负荷率又称月不均衡系数，是月平均负荷与当月最大负荷日的日平均负荷的比值，反映了月内负荷变化的不均衡性。2017—2022 年甲省电网各月的负荷率如表 3-2-12 及图 3-2-9 所示。根据各月的月不均衡系数的统计情况，可以归纳总结出甲省电网四个季节的月不均衡系数水平差异情况，如表 3-2-13 所示。

表 3-2-12　2017—2022 年甲省电网各年月负荷率

时间	2017 年	2018 年	2019 年	2020 年	2021 年	2022 年
1 月	0.864	0.902	0.910	0.871	0.891	0.958
2 月	0.895	0.800	0.856	0.945	0.835	0.875
3 月	0.932	0.895	0.855	0.901	0.927	0.889
4 月	0.926	0.980	0.938	0.935	0.951	0.946
5 月	0.910	0.842	0.932	0.919	0.869	0.983
6 月	0.918	0.772	0.810	0.842	0.833	0.831
7 月	0.795	0.880	0.790	0.861	0.881	0.850
8 月	0.814	0.885	0.903	0.903	0.836	0.901
9 月	0.802	0.774	0.798	0.767	0.860	0.895
10 月	0.917	0.974	0.876	0.962	0.840	0.760
11 月	0.881	0.964	0.824	0.837	0.960	0.845
12 月	0.915	0.850	0.932	0.942	0.818	0.957

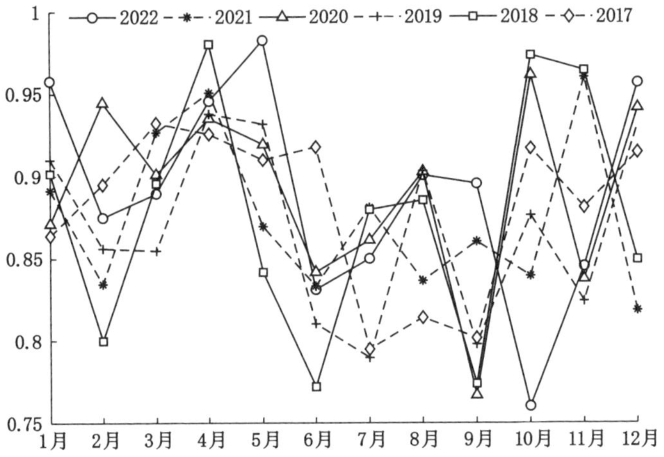

图 3-2-9　2017—2022 年甲省电网各年月负荷率变化曲线

表 3-2-13　甲省电网各季平均月负荷率

时间	2017 年	2018 年	2019 年	2020 年	2021 年	2022 年
春	0.923	0.906	0.908	0.918	0.916	0.939
夏	0.842	0.846	0.834	0.869	0.85	0.861
秋	0.867	0.904	0.833	0.855	0.887	0.834
冬	0.891	0.851	0.899	0.919	0.848	0.930

由分析可知，甲省月不均衡系数有如下特点：

一是甲省电网月不均衡系数曲线总体呈现“凹”字形。年中负荷率普遍低于年初和年末。观察发现，甲省用电量的月度分布特征在六年中保持相对稳定。每年八、九月份夏秋交替之际，全省用电量的昼夜波动往往最为剧烈。

二是丰水期的月负荷率较枯水期低。丰水期月负荷率大部分在 0.77～0.90 之间，而枯水期大部分在 0.82 到 0.95 的区间里。甲省电网运行受小水电出力特性影响显著。在丰水期（6～8 月），依赖自然径流的小型水电站发电量随降雨量波动频繁变化，导致电网月度负荷波动幅度较枯水期（10 月～次年 2 月）更为剧烈。与此同时，丰水期电网负荷的整体利用率也相对偏低。这种季节性差异主要源于：枯水期小水电出力相对稳定，有助于平滑负荷曲线；而丰水期不规则的发电波动迫使电网频繁调节其他电源，放大了负荷波动幅度。

三是春节所在月份月负荷率较低。负荷率普遍在 0.8～0.85。主要由于春节所在月份工业用电比重低，用电负荷波动较大，因此月负荷率与相邻月份相比有所降低。

3.2.3 日负荷特性分析

(1) 典型日负荷的选取

目前典型日的选取没有统一的规定，使得典型日负荷特性指标不便进行横向比较。经常采用的主要有以下三种方法：

第一种：选取日负荷率与期间（季节、月）平均日负荷率最接近且负荷曲线无异常畸变的日负荷曲线作为该期间（季节、月）的典型日负荷曲线。

第二种：选取期间（季节、月）某一固定工作日，比如取某月第三周的第三个工作日作为典型日。

第三种：选取最大负荷日作为典型日。

为了使得典型日负荷更具有代表性，本节选择日负荷率与季度平均工作日日负荷率最接近且无异常畸变的工作日日负荷曲线作为该期间的典型日负荷曲线。其具体步骤为（以冬季 12 月为例）：

① 先汇总出 12 月当月各工作日的平均日负荷曲线：

$$L(h)=\frac{1}{N}\sum_{d=1}^{N}L(d,h),\quad h=0,1,2,\cdots,23$$

其中，$L(h)$为 12 月各工作日的负荷曲线的平均，即平均日负荷曲线；$L(d,h)$为各工作日的负荷曲线；h 为每日的 24 个整点；N 为当年 12 月当月内工作日的天数。

② 再从 12 月所有工作日负荷曲线 $L(d,h)$中找出与上述平均日负荷曲线 $L(h)$最“相似”（接近）的某一日负荷曲线 $L(d^*,h)$作为冬季的典型日负荷曲线。

这里的“相似”（接近）的定义是如下的距离（偏差）最小：

$$\sum_{h=0}^{23}\left|L(d^*,h)-L(h)\right|^2=\underset{1\leqslant d\leqslant N}{\mathrm{Min}}\sum_{h=0}^{23}\left|L(d,h)-L(h)\right|^2$$

也就是每天的负荷曲线都减去平均日负荷曲线 $L(h)$，得到的 24 个整点差值的平方和最小的日期可以当作典型日。

(2) 典型日负荷分析

甲省 2017—2022 年各年各季典型日的日负荷特性指标如表 3-2-14 至表 3-2-17 所示，其各季日负荷曲线如图 3-2-10 至图 3-2-13 所示。

表 3-2-14　2017—2022 年甲省电网春季典型日负荷特性指标

年份	2017 年	2018 年	2019 年	2020 年	2021 年	2022 年
日期	4 月 12 日	4 月 11 日	4 月 12 日	4 月 22 日	3 月 31 日	4 月 26 日

表3-2-14(续)

年份	2017 年	2018 年	2019 年	2020 年	2021 年	2022 年
星期	周三	周三	周五	周三	周三	周二
最大负荷/万 kW	1 859.52	2 057.4	2 151.6	2 345.28	2 670.36	2 620.44
最大负荷时间	20:00	20:00	20:00	20:00	19:00	20:00
最小负荷/万 kW	1 200.96	1 334.64	1 397.76	1 450.92	1 779.12	1 828.32
最小负荷时间	5:00	5:00	4:00	4:00	5:00	3:00
负荷率	0.824	0.844	0.846	0.842	0.847	0.858
最小负荷率	0.646	0.649	0.65	0.619	0.666	0.698
峰谷差/万 kW	658.56	722.76	753.84	894.36	891.24	792.12
峰谷差率	0.354	0.351	0.35	0.381	0.334	0.302

表 3-2-15　2017—2022 年甲省电网夏季典型日负荷特性指标

年份	2017 年	2018 年	2019 年	2020 年	2021 年	2022 年
日期	7 月 7 日	8 月 6 日	7 月 19	7 月 6 日	6 月 25	7 月 19
星期	周五	周一	周五	周一	周五	周二
最大负荷/万 kW	2 292.60	2 691.48	2 738.40	3 089.05	3 507.60	3 742.44
最大负荷时	21:00	21:00	21:00	21:00	21:00	21:00
最小负荷/万 kW	1 560.24	1 932.00	1 984.32	2 219.64	2 391.60	2 694.36
最小负荷时	5:00	5:00	5:00	5:00	5:00	4:00
负荷率	0.852	0.875	0.883	0.881	0.863	0.874
最小负荷率	0.681	0.718	0.725	0.719	0.682	0.72
峰谷差/万 kW	732.33	759.42	754.17	869.42	1 116.00	1 048.17
峰谷差率	0.319	0.282	0.275	0.281	0.318	0.28

表 3-2-16　2017—2022 年甲省电网秋季典型日负荷特性指标

年份	2017 年	2018 年	2019 年	2020 年	2021 年	2022 年
日期	11 月 7 日	9 月 12 日	9 月 27 日	11 月 6 日	10 月 7 日	9 月 2 日
星期	周二	周三	周五	周五	周四	周五
最大负荷/万 kW	2 177.28	2 222.64	2 521.08	2 610.12	2 968.2	2 952.24
最大负荷时间	18:00	19:00	19:00	18:00	19:00	17:00
最小负荷/万 kW	1 305.72	1 424.4	1 623.48	1 700.16	2 168.52	2 171.64
最小负荷时间	5:00	5:00	4:00	5:00	5:00	4:00

表 3-2-16(续)

年份	2017 年	2018 年	2019 年	2020 年	2021 年	2022 年
负荷率	0.802	0.837	0.832	0.841	0.871	0.877
最小负荷率	0.6	0.641	0.644	0.651	0.731	0.736
峰谷差/万 kW	871.56	798.24	897.6	909.96	799.8	780.72
峰谷差率	0.4	0.359	0.356	0.349	0.269	0.264

表 3-2-17　2017—2022 年甲省电网冬季典型日负荷特性指标

年份	2017 年	2018 年	2019 年	2020 年	2021 年	2022 年
日期	2 月 24 日	1 月 18 日	2 月 22 日	1 月 20 日	2 月 2 日	1 月 5 日
星期	周五	周四	周五	周一	周二	周三
最大负荷/万 kW	2 442.24	2 788.2	3 043.2	3 017.4	3 188.28	3 656.52
最大负荷时间	19:00	19:00	19:00	20:00	19:00	18:00
最小负荷/万 kW	1 347.12	1 621.32	1 486.8	1 543.56	1 739.52	2 103.48
最小负荷时间	5:00	5:00	4:00	5:00	5:00	5:00
负荷率	0.801	0.811	0.798	0.795	0.799	0.829
最小负荷率	0.552	0.581	0.489	0.512	0.546	0.575
峰谷差/万 kW	1 095.12	1 166.88	1 556.4	1 473.84	1 448.88	1 553.04
峰谷差率	0.448	0.419	0.511	0.488	0.454	0.425

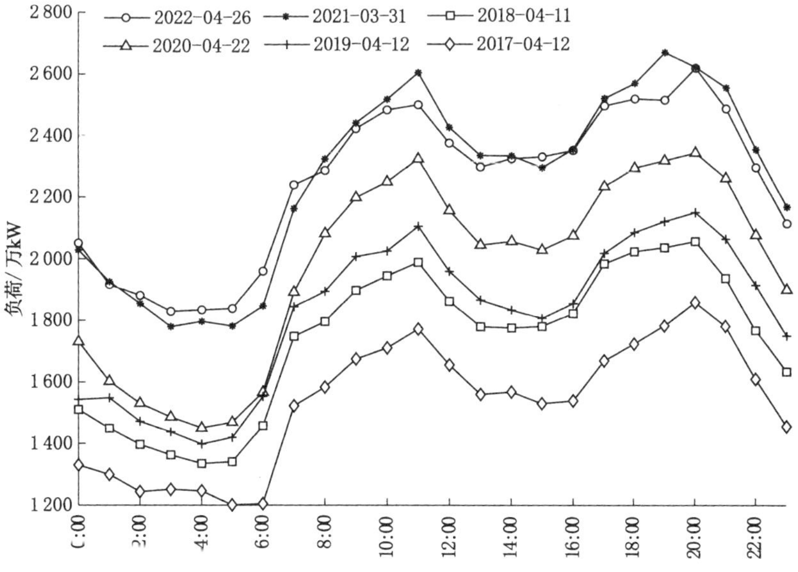

图 3-2-10　2017—2022 年甲省电网春季典型日负荷曲线

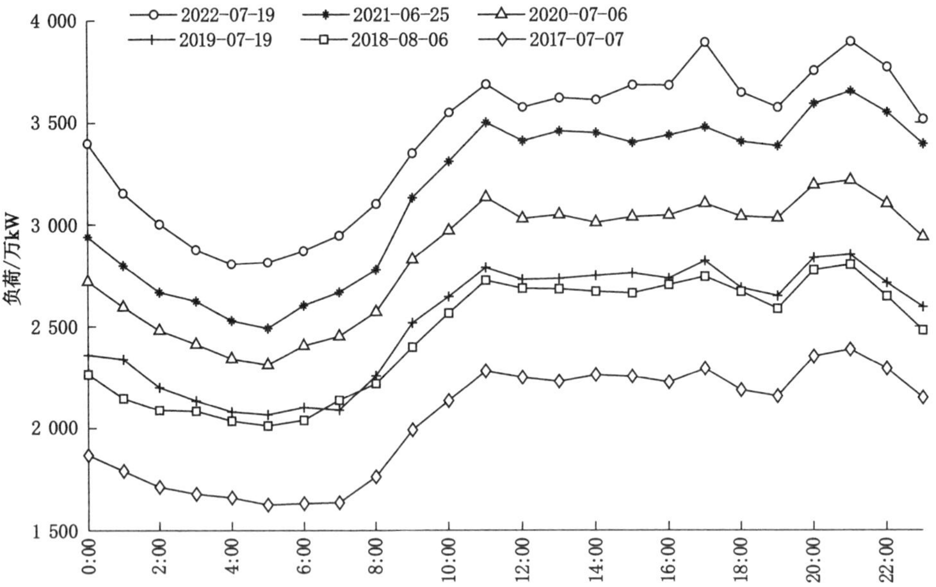

图 3-2-11　2017—2022 年甲省电网夏季典型日负荷曲线

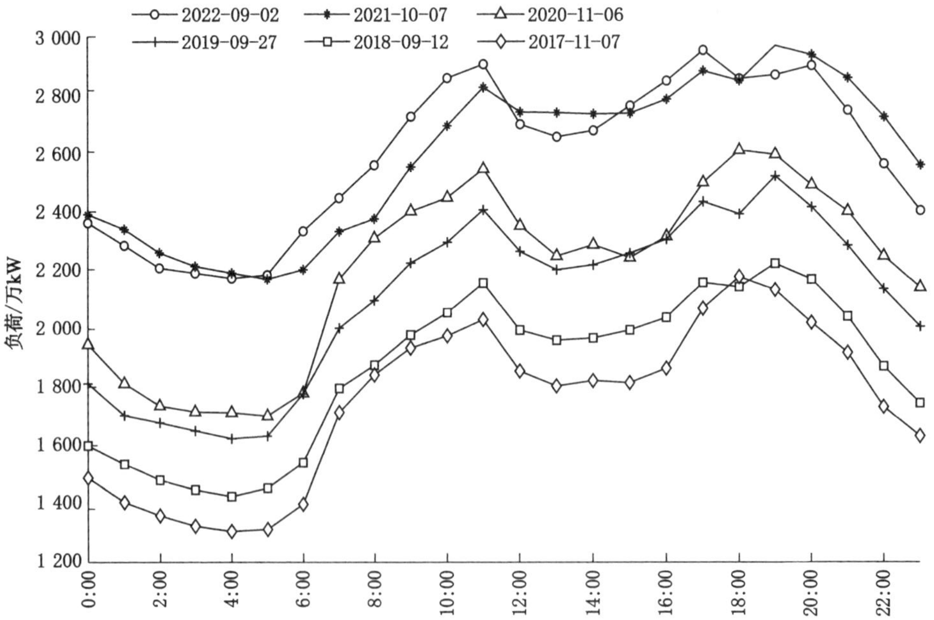

图 3-2-12　2017—2022 年甲省电网秋季典型日负荷曲线

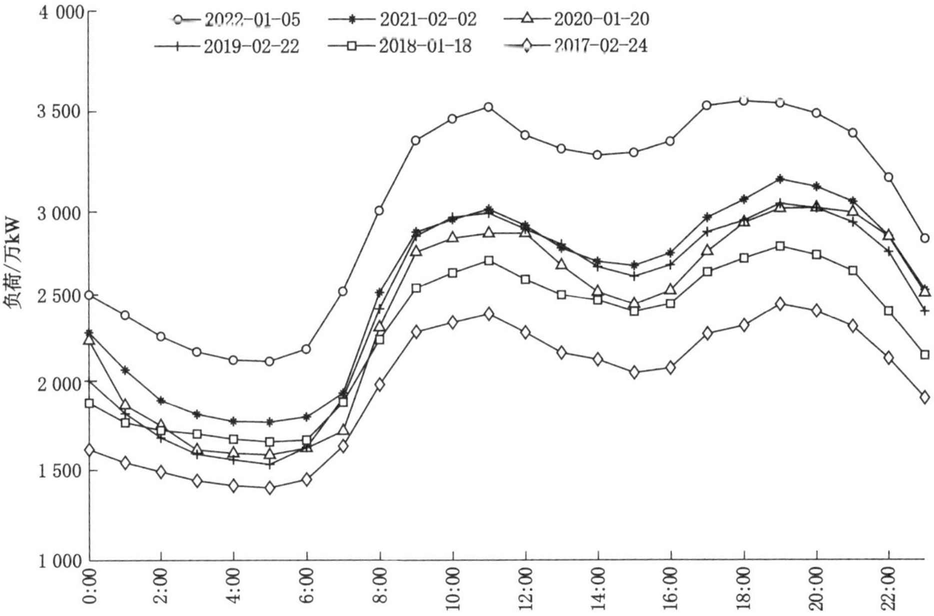

图 3-2-13　2017—2022 年甲省电网冬季典型日负荷曲线

由分析可知，甲省电网的各季典型日负荷特性有如下特点：

一是甲省电网各季度典型日用电负荷总体呈上升趋势。2017—2022 年期间，各季度典型日最大负荷年均增长率分别为 7.1%、10.3%、6.3%、8.4%，随着用电需求的增长。

二是甲省各季典型日负荷曲线均呈现“双高峰”特征。甲省电网的用电高峰时段呈现季节性差异。每日午间用电高峰普遍集中在 11:00 前后，这是各季共同特征。值得关注的是，在非夏季时段，晚间用电高峰通常于 19:00 形成，而夏季受持续高温影响，居民夜间降温需求显著延长，导致晚高峰出现时间普遍推迟至 21:00 前后。这种时间偏移现象直观反映出，居民生活用电模式与气候条件之间存在紧密关联——当环境温度突破人体舒适区间时，降温设备的集中使用直接改变了电网负荷的时序分布特征。

三是甲省各季典型日用电负荷波动幅度总体呈下降趋势。五年间峰谷差率从 0.354 降低至 0.302。2017 至 2022 年期间，甲省实施的差别化电价政策有效引导了用电时间调整。通过经济杠杆作用，越来越多用户选择将大功率设备的使用时段从传统高峰段向电价较低的平谷时段转移。这种用电行为的主动调节，使得全天的用电量分布更趋均衡，高峰时段集中用电的压力得到缓解，昼夜用电量的差值呈现逐步收窄态势。

四是甲省电网夏季日负荷率最高，冬季日负荷率最低。2017—2022 年期间，甲省电网夏季典型日负荷率在 0.87 左右，最小负荷率在 0.71 左右，夏季典型日负荷率较冬季高 8.8%；冬季典型日负荷率在 0.80 左右，最小负荷率在 0.55 左右，夏季最小日负荷率较冬季高 29.1%。体现了电网负荷特性在夏冬两季的差异。

3.3 甲省分类用电负荷特性分析

本小节按照电价类别划分，以甲省大工业、一般工商业、居民生活用电负荷为例，从年、月、日三个角度对 2020—2022 年数据进行分析得到其负荷特性规律。

3.3.1 大工业用电负荷特性分析

(1) 年用电负荷特性分析

甲省 2020—2022 年大工业用电年负荷特性指标见表 3-3-1，年负荷曲线如图 3-3-1 所示。由分析可知，自 2020 年以来甲省大工业用电年负荷曲线具有以下特点：

一是甲省大工业用电最大负荷小幅增长。 2020 年甲省大工业用电负荷为 1 202.93 万 kW，2022 年甲省大工业用电负荷为 1 244.16 万 kW，年均增长仅 1.7%，呈现出缓慢增长的趋势。

二是甲省大工业年负荷曲线波动幅度较小。 2020—2022 年期间，全省大工业平均日负荷率为 0.885，年平均峰谷差率为 0.247。由于甲省大工业企业生产较为连续，部分钢铁冶炼、化工等行业用户甚至采用 24 小时工作制生产，因此全省大工业用电负荷曲线整体较为平稳。

三是除春节外，其余月份甲省大工业负荷率均较高。 甲省工厂用电量呈现明显的年度周期特征。当春节假期来临时，多数工厂进入年度停工期，此时段工业用电量显著减少。随着节后生产活动全面恢复，从早春直至年末的作业期内，持续运转的机械设备使得电力消耗始终维持在较高水平。

表 3-3-1 2020—2022 年甲省大工业用电年负荷特性指标

时间	2020 年	2021 年	2022 年
最大负荷/万 kW	1 202.93	1 331.59	1 244.16
最大负荷日	12 月 3 日	7 月 12 日	8 月 12 日
最大负荷时刻	14:15	11:15	15:45
季不均衡系数	0.849	0.88	0.943
年最大峰谷差率	0.381	0.348	0.391

表 3-3-1（续）

时间	2020 年	2021 年	2022 年
年平均峰谷差/万 kW	219.84	237.48	300.12
年平均峰谷差率	0.24	0.225	0.277
年平均日负荷率	0.897	0.895	0.874
年负荷率	0.682	0.713	0.76

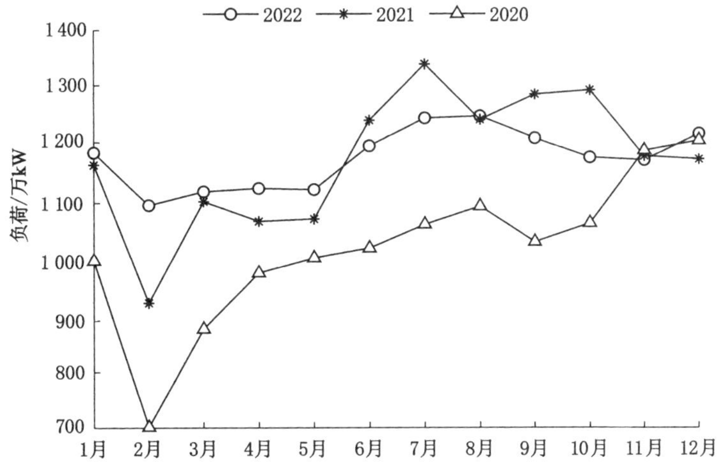

图 3-3-1　2020—2022 年甲省大工业用电年负荷曲线

（2）月用电负荷特性分析

2020—2022 年甲省大工业用电各月负荷特性曲线如图 3-3-2 所示。

甲省大工业用电负荷特性曲线波动均较小。其中，月平均负荷率基本稳定在 0.85～0.9 之间；月最小负荷率除个别月份外，基本在 0.7 附近；月最大峰谷差率除个别月份外，基本稳定在 0.25～0.35 之间；月不均衡系数全年最低值出现在 2 月，主要是受春节假期影响，当月负荷波动较为明显。

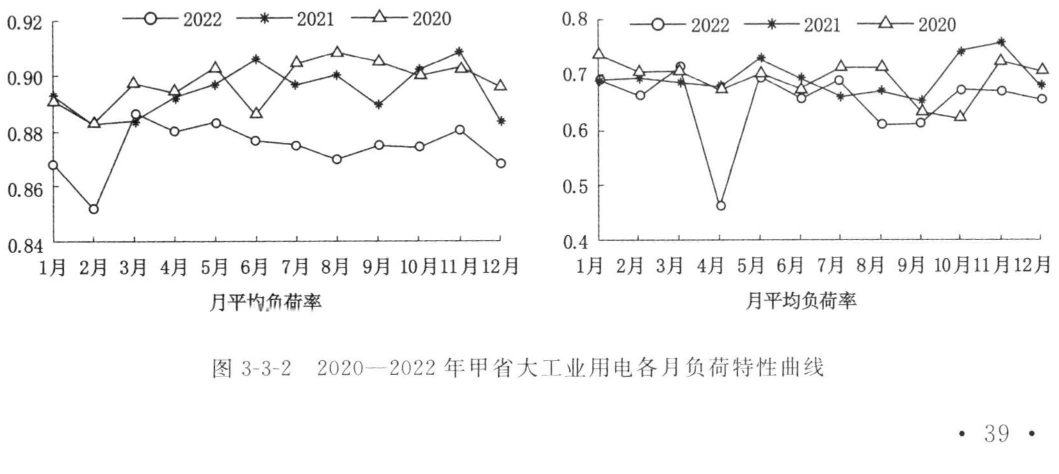

图 3-3-2　2020—2022 年甲省大工业用电各月负荷特性曲线

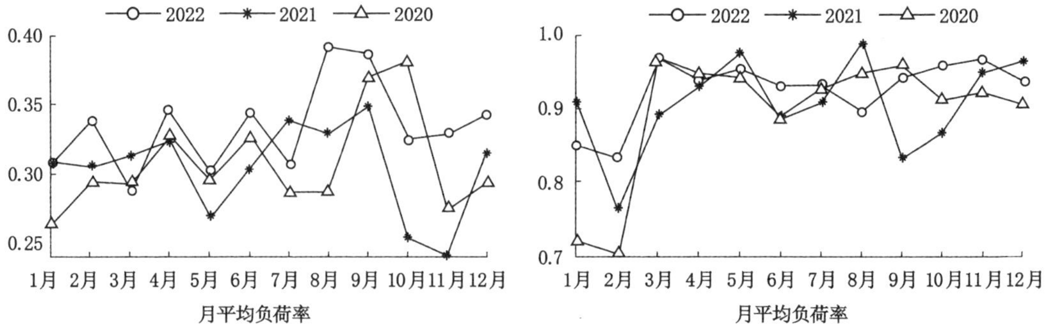

图 3-3-2 （续）

（3）日用电负荷特性分析

2020—2022 年甲省大工业用电夏、冬两季典型日负荷特性指标见表 3-3-2，典型日负荷曲线如图 3-3-3 所示。

表 3-3-2 2020—2022 年甲省大工业用电夏、冬季典型日负荷特性指标

年份	2020 年	2021 年	2022 年	2020 年	2021 年	2022 年
日期	7 月 28 日	8 月 25 日	7 月 21 日	1 月 17 日	1 月 29 日	2 月 22 日
星期	周二	周三	周四	周五	周五	周二
最大负荷/万 kW	969.88	1 142.82	1 149	765.4	1 004	1 068
最大负荷时间	10:00	10:30	15:30	10:45	14:30	10:30
最小负荷/万 kW	767.11	927.9	828.12	597.88	808.21	738
最小负荷时间	20:30	19:00	21:45	21:30	21:30	20:30
负荷率	0.917	0.918	0.874	0.911	0.895	0.844
最小负荷率	0.791	0.812	0.721	0.781	0.805	0.691
峰谷差/万 kW	202.76	214.92	320.88	167.52	195.79	330
峰谷差率	0.209	0.188	0.279	0.219	0.195	0.309

甲省大工业用电夏、冬两季典型日负荷曲线波动幅度较大存在明显的峰、谷负荷时段。甲省大工业的用电节奏呈现独特规律。每日生产高峰期主要集中在上午 10:00 和下午 15:00 前后，而凌晨、午间及晚间则形成明显用电低谷。这种用电特征的形成，主要源于差别化电价政策引导企业调整生产时序——通过错开电价高峰时段安排大型设备运行，既降低用电成本又缓解电网压力。观察发现，相较于商业和居民用电，大工业的用电曲线更为平缓：全天的用电量波动幅度较小，且最低用电量始终维持在较高水平，这种稳定性源自连续生产型企业的运行特性。

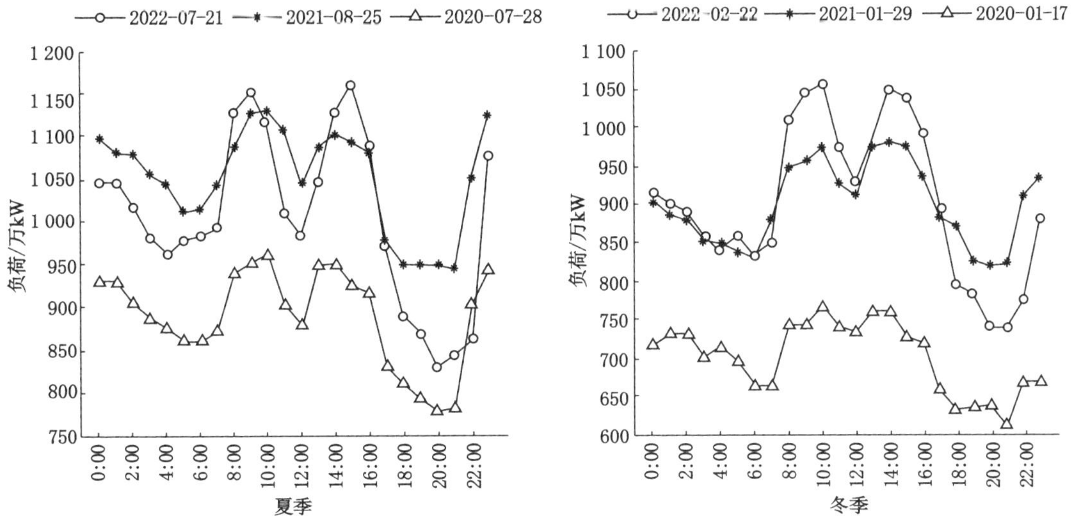

图 3-3-3　2020—2022 年甲省大工业用电夏、冬两季典型日负荷曲线

3.3.2　一般工商业用电负荷特性分析

（1）年用电负荷特性分析

甲省 2020—2022 年一般工商业用电年负荷特性指标见表 3-3-3，其年负荷曲线如图 3-3-4 所示。由分析可知，自 2020 年以来甲省一般工商业用电年负荷曲线具有以下特点：

一是甲省一般工商业最大负荷上升速度较快。2020 年甲省一般工商业最大负荷为 984.98 万 kW，2022 年增长至 1 132.2 万 kW，2020—2022 年期间年均增长 7.3%。呈现出快速增长的趋势。

二是甲省一般工商业负荷全年存在夏季和冬季两个高峰负荷。年负荷曲线呈"W"形，夏季高峰负荷出现在 7 月份或者 8 月份，冬季高峰负荷出现在 1 月份或者 12 月份。这种现象与夏冬季对空调等设备的使用增加有关。

三是甲省一般工商业用电负荷波动性较大。甲省电网运行呈现显著的时段性波动特征，全年昼夜用电量波动幅度维持在较高水平（约 57%），而全天用电均衡度相对偏低（约 74%）。这种特性与季节变化紧密相关，酷暑严寒时的集中降温取暖需求，使得冬夏两季频繁出现用电尖峰。

表 3-3-3　2020—2022 年甲省一般工商业用电年负荷

时间	2020 年	2021 年	2022 年
最大负荷/万 kW	984.98	1 082.42	1 132.2
最大负荷日	8 月 5 日	7 月 16 日	8 月 17 日
最大负荷时刻	11:15	11:15	11:30
季不均衡系数	0.763	0.803	0.795
年最大峰谷差率	0.652	0.653	0.652
年平均峰谷差/万 kW	353.88	413.28	418.2
年平均峰谷差率	0.566	0.572	0.564
年平均日负荷率	0.744	0.743	0.747
年负荷率	0.467	0.494	0.488

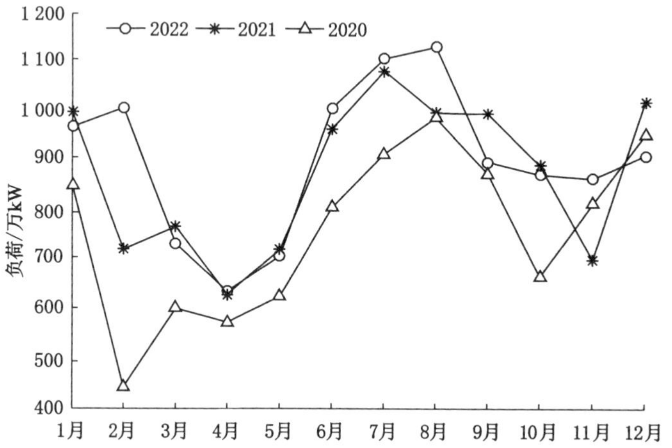

图 3-3-4　2020—2022 年甲省一般工商业用电年负荷曲线

(2) 月用电负荷特性分析

2020—2022 年甲省一般工商业用电各月负荷特性曲线如图 3-3-5 所示。

在夏、冬两季交替时甲省一般工商业月负荷波动较为明显。甲省电网月度运行呈现规律性波动特征。全天用电均衡度维持在 72%～76%区间，但用电低谷时段的最低负荷水平可能降至 35%～42%。昼夜用电量的最大差值幅度在 58%～66%之间波动，其中秋季的用电分布差异最小。这种季节性特征源于夏秋转换期气温剧烈波动。当昼夜温差显著扩大时，降温设备的启停时段趋于分散，客观上促使全天的用电分布更趋均衡。

(3) 日用电负荷特性分析

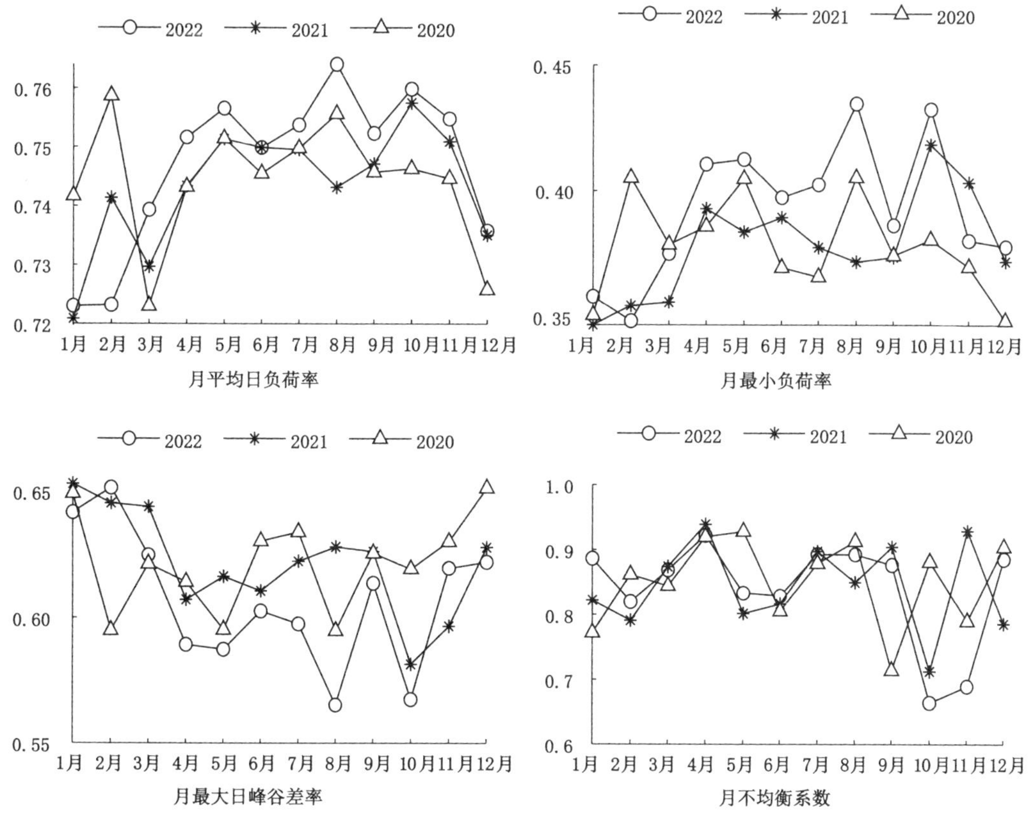

图 3-3-5　2020—2022 年甲省一般工商业用电各月负荷特性曲线

2020—2022 年甲省一般工商业用电夏、冬两季典型日负荷特性指标见表 3-3-4，典型日负荷曲线如图 3-3-6 所示。

表 3-3-4　2020—2022 年甲省一般工商业用电夏、冬季典型日负荷特性指标

年份	2020 年	2021 年	2022 年	2020 年	2021 年	2022 年
日期	7 月 28 日	8 月 13 日	8 月 1 日	1 月 21 日	2 月 13 日	2 月 17 日
星期	周二	周五	周一	周二	周四	周四
最大负荷/万 kW	829.15	865.09	917.76	601.39	752.89	920.28
最大负荷时间	11:15	11:15	17:00	11:30	20:30	11:00
最小负荷/万 kW	342.01	384.94	425.16	243.73	293.21	325.68
最小负荷时间	4:30	4:45	5:00	4:45	4:45	4:45
负荷率	0.735	0.702	0.768	0.725	0.729	0.702
最小负荷率	0.413	0.445	0.463	0.405	0.391	0.353
峰谷差/万 kW	487.15	480.16	492.6	357.66	450.68	595.08
峰谷差率	0.588	0.555	0.537	0.595	0.611	0.647

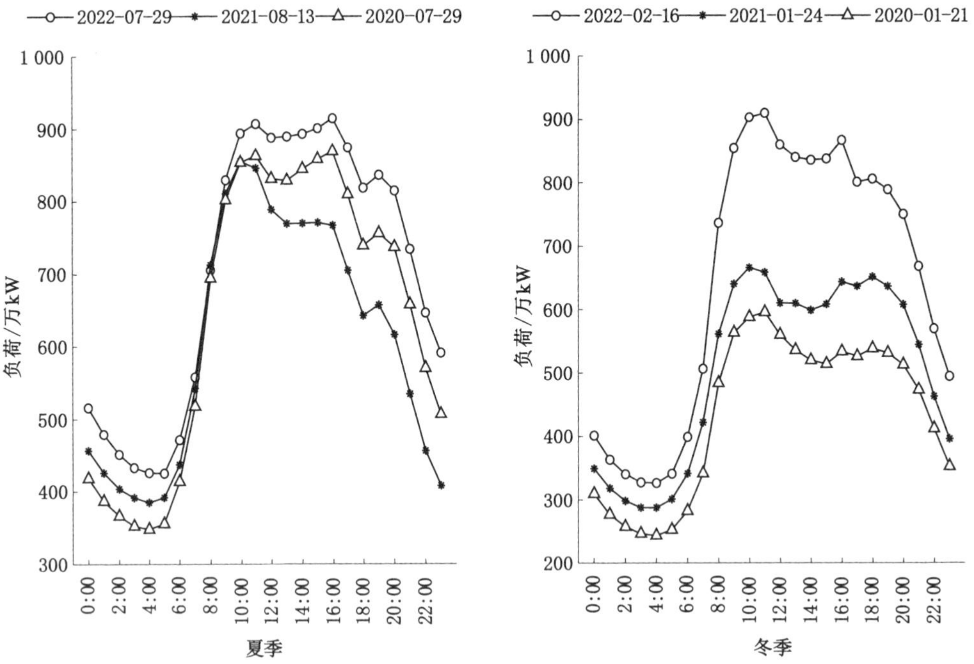

图 3-3-6　2020—2022 年甲省一般工商业用电夏、冬两季典型日负荷曲线

甲省一般工商业典型日负荷曲线呈“双高峰”特征。甲省工商业的用电高峰呈现稳定规律，每日午间十一时与晚间八时前后分别形成用电高峰。观察显示，冬季昼夜用电量波动幅度较夏季高出约 5％～6％(冬季 59％～65％，夏季 54％～59％)。这种差异主要源于低温环境下供暖需求的时段性集中。值得注意的是，由于工商业活动多集中在日间时段，且经营模式相对稳定，全年的用电曲线规律变化，受季节变化影响不显著。即便在气候迥异的冬夏两季，用电量的峰谷时段分布仍保持高度一致性，展现出该行业用电模式的固有稳定性。

3.3.3　居民生活用电负荷特性分析

(1) 年用电负荷特性分析

甲省 2020—2022 年居民生活用电年负荷特性指标见表 3-3-5，其年负荷曲线如图 3-3-7 所示。由分析可知，自 2020 年以来甲省居民生活用电年负荷曲线具有以下特点：

一是甲省居民生活用电负荷上升速度较快。数据显示，甲省家庭用电需求呈现快速攀升趋势。2020 年居民用电峰值达到 1 890 万 kW，至 2022 年已增至 2 360 万 kW。在短短两年间，家庭用电峰值的年均增长率超过 13％，这一增速相当于每天新增约 6.5 万户中等规模家庭的用电需求。

二是甲省居民生活负荷全年存在夏季和冬季两个高峰负荷。居民生活用电年负荷曲线呈“W”形，夏季高峰负荷出现在 7 月份或者 8 月份，冬季高峰负荷出现在 1 月份或者 12 月份。这种现象的出现与夏冬两季对降温取暖电器的使用需求上升有关。

三是甲省居民生活用电负荷波动性较大。年平均峰谷差率较高(0.64 左右)，年平均日负荷率较低(0.65 左右)，居民用电量变化与温度变化呈现强相关性。当夏季热浪来袭或冬季寒潮降临时，家庭制冷、取暖设备的大规模集中使用，会直接推高特定时段的用电需求。这种因气候引发的用电波动，使得不同季节的居民用电模式随气温升降呈现规律性起伏。特别是在极端天气频发的月份，居民用电量相较温和气候时段可增长 50%以上，形成鲜明的季节用电特征。

表 3-3-5　2020—2022 年甲省居民生活用电负荷特性指标

时间	2020 年	2021 年	2022 年
最大负荷/万 kW	1 892.35	2 057.69	2 359.44
最大负荷日	1 月 24 日	8 月 2 日	8 月 18 日
最大负荷时刻	20:00	21:30	22:00
季不均衡系数	0.768	0.77	0.721
年最大峰谷差率	0.8	0.752	0.737
年平均峰谷差/万 kW	778.92	765	826.8
年平均峰谷差率	0.663	0.63	0.623
年平均日负荷率	0.645	0.663	0.668
年负荷率	0.403	0.398	0.384

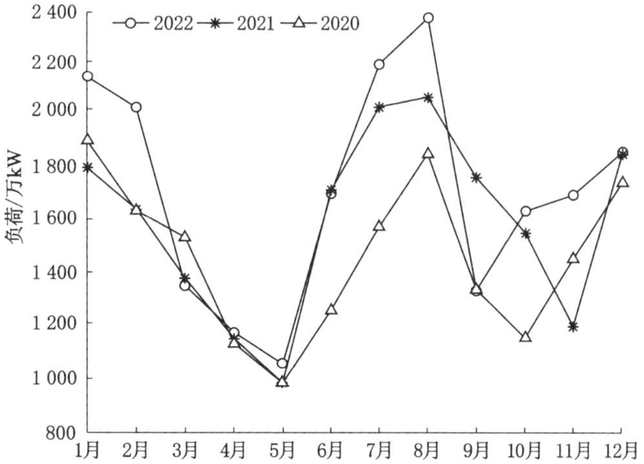

图 3-3-7　2020—2022 年甲省居民生活用电年负荷曲线

（2）月用电负荷特性分析

2020—2022 年甲省居民生活用电各月负荷特性曲线如图 3-3-8 所示。

甲省居民生活在夏、秋两季交接时，月度负荷波动较为明显。甲省居民用电模式呈现显著的气候敏感性。在夏秋转换时期，当昼夜温差超过 10 ℃时，家庭空调设备的启停频率显著增加，使得全天用电量的波动幅度加剧。数据显示，居民用电的全天平均负荷占比在 62%～72%区间波动，而深夜至凌晨的低谷时段用电占比可能降至 20%～45%。这种波动特征与气温变化保持高度同步。

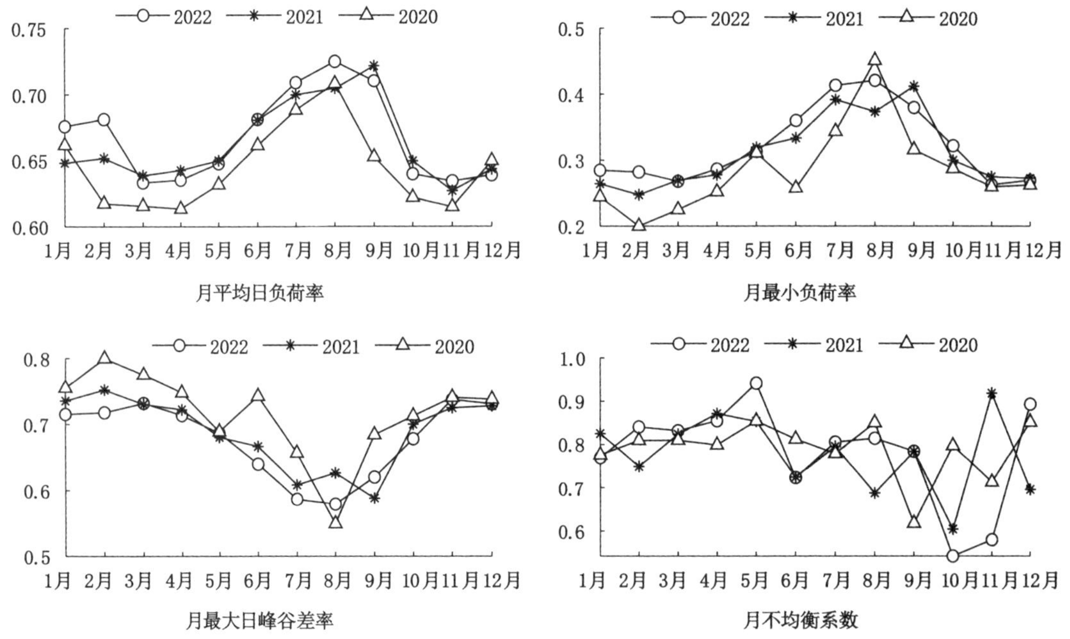

图 3-3-8　2020—2022 年甲省居民生活用电各月负荷特性曲线

（3）日用电负荷特性分析

2020—2022 年甲省居民生活用电夏、冬两季典型日负荷特性指标见表 3-3-6，典型日负荷曲线如图 3-3-9 所示。整体来看，2020—2022 年期间甲省居民生活夏季典型日负荷曲线大致呈“M”形，存在明显的午高峰和晚高峰，日负荷曲线波动较大。午高峰出现在 13:00 左右，晚高峰在 21:00 左右。具体来看，居民生活用电表现两个明显特征：

一是晚高峰负荷大于午高峰负荷。最大负荷时间集中在 18:00 到 21:00 之间。这种用电波动特征的形成，与居民晚间生活场景中的设备，特别是与兼具高功率与间歇性使用特征的厨房设备和温控系统的使用规律直接相关。

二是夏季日峰谷差率低于冬季。夏季峰谷差率在 0.337 到 0.636 波动，大部分在 0.543 到 0.7 之间。而冬季峰谷差率在 0.7 上下波动。居民用电模式随季节更替呈现显著差异，这种变化主要源于空调使用量的周期性波动。夏季夜间持续运转的降温设备使得用电低谷时段的需求水平明显抬升，从而拉高了全天的用电均衡度。相较而言，冬季由于取暖设备使用时段相对集中，用电量的昼夜差异更为显著。

表 3-3-6　2020—2022 年甲省居民生活用电夏、冬季典型日负荷特性指标

年份	2020 年	2021 年	2022 年	2020 年	2021 年	2022 年
日期	8 月 28 日	7 月 21 日	6 月 26 日	3 月 23 日	1 月 26 日	2 月 16 日
星期	周三	周二	周三	周三	周二	周五
最大负荷/万 kW	1 650.85	1 550.88	1 300.48	1 365.11	1 448.34	1 810.8
最大负荷时间	20:45	21:15	21:00	19:30	19:30	18:00
最小负荷/万 kW	601.45	709.17	861.6	404.02	407.27	526.92
最小负荷时间	4:00	4:00	4:00	4:45	4:30	4:15
负荷率	0.718	0.731	0.673	0.668	0.651	0.673
最小负荷率	0.496	0.522	0.535	0.296	0.281	0.311
峰谷差/万 kW	1 049.4	841.71	438.88	961.1	1 041.08	1 166.88
峰谷差率	0.636	0.543	0.337	0.704	0.719	0.689

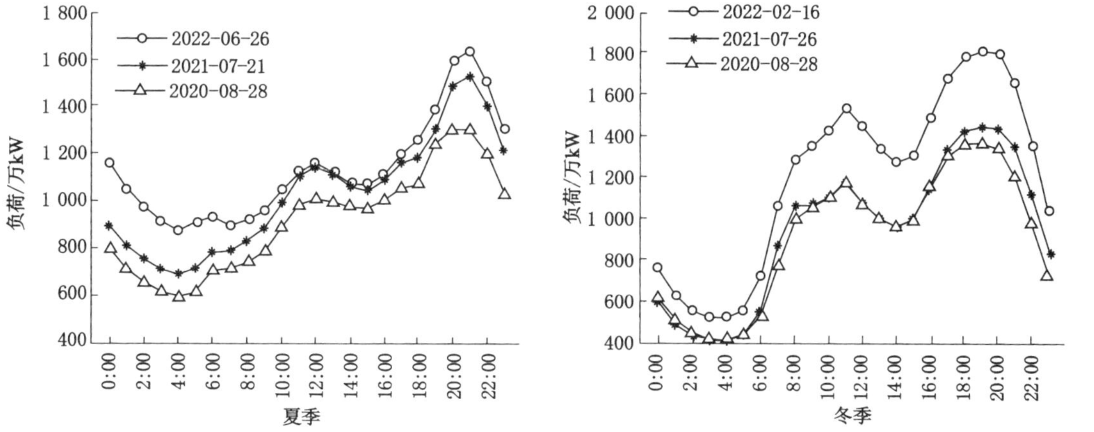

图 3-3-9　2020—2022 年甲省居民生活用电夏、冬两季典型日负荷曲线

3.3.4　分类用电负荷小结

总的来看，2020—2022 年甲省按电价分类用电负荷特性呈现以下特点：

一是从年用电负荷特性来看，甲省用电峰值增长呈现明显分化，居民生活类用电峰值以 13.1% 的年度增幅领跑，而大工业领域用电峰值增长最为平缓，年均增长率仅 1.7%。从年度用电量波动形态看，大工业受生产周期主导的峰谷交替，形成“两头高、中间低”的 V 形轨迹；一般工商业与居民用电则因气候敏感型波动，呈现出“多峰多谷”

的W形曲线。这种“生产型”与“生活型”负荷的差异化演变表明:生产计划驱动的刚性需求与气温触发的弹性需求,形成了截然不同的能耗波动周期。

二是从月用电负荷特性来看,大工业的用电量比一般工商业和居民用电稳定得多,每月用电量波动小、最低用电量水平高。这是因为工厂通常采用24小时轮班生产,机器几乎不停转,用电量基本保持平稳。而商店、办公楼和居民用电容易受天气变化、节假日休息等因素影响。比如夏天开空调时用电猛增,节假日商场歇业时用电骤降,导致他们的用电量起伏较大。

三是从日用电负荷特性来看,工厂每天的用电量比较平均,早晚用电量差异小。比如机器24小时运转的钢铁厂,3:00和15:00的用电量差不多。而居民用电受天气影响特别大:夏天开空调时傍晚用电量冲到最高,半夜又降到最低,这种早晚用电差距比工厂、商场都明显得多。另外,工厂为了节省电费,会主动调整用电时间。他们通常白天集中生产(正好避开居民晚上用电高峰),而商场和居民用电高峰主要集中在早上开店和晚上回家后的时段。这种错峰用电让电网压力得到平衡。

3.4 甲省行业用电负荷特性分析

为了弄清楚甲省不同行业的用电规律,这次研究特别挑选八个重点行业作分析,包括钢铁厂、铝材加工厂、水泥厂、化工厂、汽车制造车间、手机组装线、物流仓库以及酒店餐馆,每个行业都选了几家有代表性的企业,详细记录他们从早到晚每小时的用电量变化。比如观察钢铁厂机器是持续运转还是间歇性用电,酒店空调在用餐高峰时用电量会不会突然飙升,这样就能看出不同行业的用电习惯差异。

3.4.1 黑色金属行业用电负荷特性分析

甲省2020～2022年黑色金属行业典型日负荷特性指标见表3-4-1,该行业四季典型日负荷曲线如图3-4-1所示。其中黑色金属行业主要有代表企业A公司、B公司、C集团、D公司,2022年四家企业用电量占甲省黑色金属行业用电量的八成。

由分析可知,甲省黑色金属行业典型日负荷特性有如下特点:

一是甲省黑色金属行业典型日负荷曲线呈“锯齿”形波动。钢铁厂这类企业的用电量波动很有特点。比如炼钢炉工作时,经常出现机器突然启动增加用电,半小时后又停机导致用电骤降的情况。这种用电量上上下下不停变化的状态,使得工厂全天的用电很难长时间维持在最高用电水平。相比之下,化工厂的流水线设备通常能保持稳定运

表 3-4-1　2020—2022 年甲省黑色金属行业四季典型日负荷特性指标

年份	季节	典型日期	最大负荷/万 kW	最小负荷/万 kW	峰谷差/万 kW	峰谷差率	日负荷率	最小负荷率
2020	春季	5 月 29 日	94.19	48.29	45.9	0.487	0.771	0.513
	夏季	7 月 18 日	115.99	62.88	53.11	0.458	0.736	0.542
	秋季	10 月 13 日	119.83	73.16	46.67	0.389	0.82	0.611
	冬季	1 月 14 日	99.56	65.56	34.01	0.342	0.822	0.658
2021	春季	5 月 19 日	113.87	70.44	43.43	0.381	0.815	0.619
	夏季	6 月 28 日	132.44	86.86	45.58	0.344	0.815	0.61
	秋季	9 月 2 日	129.36	100.69	28.66	0.222	0.85	0.723
	冬季	1 月 16 日	126.32	94.37	31.96	0.253	0.866	0.747
2022	春季	3 月 8 日	130.92	73.92	57	0.435	0.757	0.565
	夏季	7 月 14 日	105	42.12	62.88	0.499	0.796	0.401
	秋季	10 月 22 日	132.08	56.28	75.8	0.574	0.756	0.414
	冬季	12 月 29 日	124.44	61.32	63	0.507	0.753	0.493

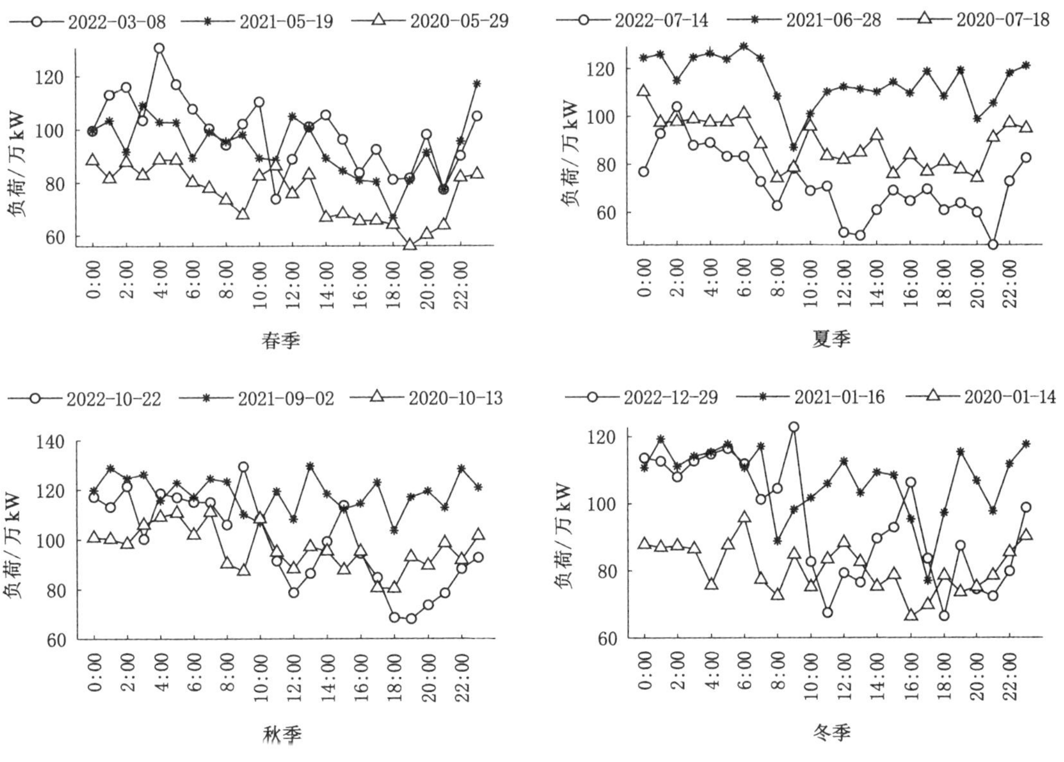

图 3-4-1　甲省 2020—2022 年黑色金属行业四季典型日负荷曲线

转，用电量波动就小得多。

二是黑色金属行业一天之内负荷的总体分布比较均衡。日负荷率 0.74～0.87 左右。由于黑色金属行业生产较持续，受峰谷分时电价影响程度较小，全天没有明显的峰、谷负荷时段。

三是甲省黑色金属行业典型日负荷曲线有一定的季节性差异。钢铁厂这类企业的用电量会跟着生产旺季变化。每年秋冬季节，工厂接的订单多，生产线开足马力，整体用电量比春夏季节要高些。具体到每天来看，秋冬的生产车间机器运转更密集，白天黑夜的用电量波动幅度小，不像春夏换季时可能因为检修设备或者订单减少，出现白天用电量大、晚上突然降下来的情况。比如冬季赶工期的钢铁厂，凌晨两点还有工人在操作轧钢机，而夏季午休时段可能关停部分设备省电。

3.4.2 有色金属行业用电负荷特性分析

甲省 2020—2022 年有色金属行业典型日负荷特性指标见表 3-4-2，该行业四季典型日负荷曲线如图 3-4-2 所示。

表 3-4-2 2020—2022 年甲省有色金属行业四季典型日负荷特性指标

年份	季节	典型日期	最大负荷/万 kW	最小负荷/万 kW	峰谷差/万 kW	峰谷差率	日负荷率	最小负荷率
2020	春季	5 月 20 日	68.28	57.72	10.56	0.155	0.903	0.748
	夏季	7 月 31 日	61.93	47.39	14.54	0.215	0.909	0.765
	秋季	10 月 10 日	71.05	54.88	16.18	0.218	0.902	0.772
	冬季	2 月 27 日	56.10	44.40	11.70	0.209	0.911	0.791
2021	春季	4 月 16 日	69.37	62.29	7.08	0.102	0.912	0.825
	夏季	8 月 1 日	73.56	61.74	11.82	0.161	0.918	0.839
	秋季	10 月 10 日	74.13	62.34	11.79	0.159	0.922	0.839
	冬季	2 月 27 日	71.10	53.18	17.92	0.172	0.930	0.848
2022	春季	3 月 1 日	66.47	44.51	21.95	0.330	0.828	0.650
	夏季	8 月 04 日	65.46	44.29	21.17	0.323	0.843	0.667
	秋季	10 月 6 日	78.32	51.62	26.71	0.311	0.868	0.659
	冬季	1 月 16 日	68.47	46.64	21.83	0.319	0.874	0.681

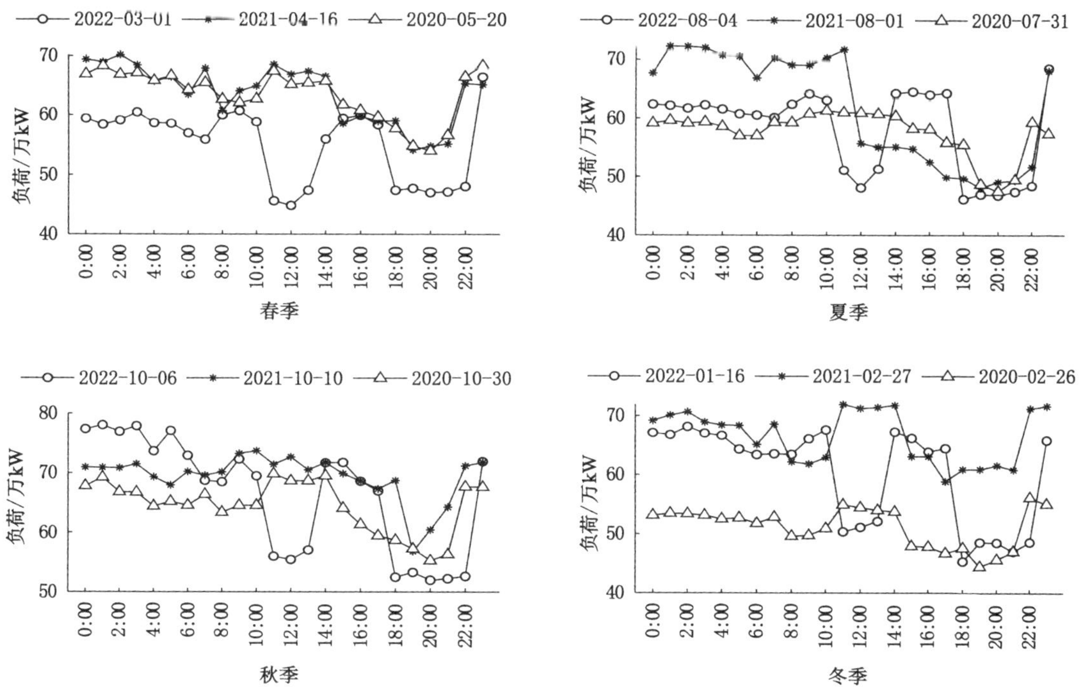

图 3-4-2　甲省 2020—2022 年有色金属行业四季典型日负荷曲线

由分析可知，甲省电网的有色金属行业典型日负荷特性有如下特点：

一是甲省有色金属行业典型日负荷曲线波动程度较小，峰谷差率较低。2020—2022 年期间甲省有色金属行业典型日负荷峰谷差率在 0.10～0.35 之间，日负荷率在 0.83～0.95 之间。铝厂、铜加工厂这类有色金属企业的用电量非常稳定，从早到晚变化很小。比如生产铝板的车间，机器 24 小时运转，凌晨两点和下午两点的用电量几乎一样，不像商场晚上关门后用电量会大幅下降。这种稳定性是因为金属加工需要持续加热熔炉，一旦开机就不能随意停，所以工厂每小时的用电量都能保持在较高水平，几乎没有大起大落的情况。

二是甲省有色金属行业典型日负荷曲线受峰谷分时电价影响较大。2020 年和 2021 年甲省有色金属行业日负荷曲线形状基本一致，自从甲省 2022 年调整电价收费时段后，工厂中午的电费比以前贵了不少。像铝厂这样的企业很快有了应对办法——每到上午 11 点到下午 1 点的高电价时段，就会关停部分熔炼炉，等电费便宜的时段再补上产量。这个调整让工厂每天中午的用电量出现明显低谷。夏季最热的时候，有些铝厂甚至把午间产能压缩到平时的一半，用电量直接腰斩。

三是有色金属行业负荷曲线存在一定的季节性周期。秋冬季作为有色金属行业的生产高峰时段，工厂持续满负荷运转，每天的用电量起伏很小。从具体数据看，秋冬季节这类企业用电量始终维持在高位，早晚用电量差不多，而春夏季节用电量波动明显更大。这种差异主要是因为秋冬订单充足需要全天候生产，而春夏可能进行设备检修或调整生产节奏。

3.4.3 非金属行业用电负荷特性分析

甲省2020—2022年非金属行业典型日负荷特性指标见表3-4-3，该行业四季典型日负荷曲线如图3-4-3所示。

表3-4-3 2020—2022年甲省非金属行业四季典型日负荷特性指标

年份	季节	典型日期	最大负荷/万kW	最小负荷/万kW	峰谷差/万kW	峰谷差率	日负荷率	最小负荷率
2020	春季	3月31日	186.77	103.51	83.26	0.436	0.822	0.554
	夏季	7月3日	200.66	100.97	99.70	0.427	0.834	0.503
	秋季	11月01日	205.76	117.14	88.62	0.431	0.825	0.569
	冬季	1月18日	117.02	61.46	55.56	0.475	0.815	0.576
2021	春季	4月20日	192.90	105.28	87.63	0.454	0.838	0.576
	夏季	6月11日	201.89	112.21	89.68	0.444	0.82	0.556
	秋季	10月23日	192.85	73.14	119.71	0.621	0.871	0.680
	冬季	1月26日	148.86	79.50	69.36	0.466	0.814	0.534
2022	春季	3月15日	191.64	101.88	89.76	0.438	0.797	0.532
	夏季	7月2日	190.56	80.04	110.52	0.470	0.732	0.460
	秋季	11月18日	211.44	82.08	129.48	0.462	0.741	0.488
	冬季	2月27日	123.60	68.64	54.84	0.494	0.725	0.456

由分析可知，甲省电网的非金属行业典型日负荷特性有如下特点：

一是甲省非金属行业日负荷波动较相对较大。2020—2022年期间甲省非金属行业峰谷差率在0.42～0.62之间，日负荷率在0.72～0.84之间。甲省的非金属企业，生产时间安排比其他高耗能行业更灵活。这些工厂通常会刻意避开电价高峰时段，选择在电费便宜的深夜或非工作时间集中生产。比如白天电价高时关停部分生产线，等到凌晨电费降下来再开足马力赶工，这种生产模式导致每天的用电量起伏像波浪一样——白天用电量低，夜间突然冲高，整体用电效率不如化工厂这类需要持续运转的企业稳定。

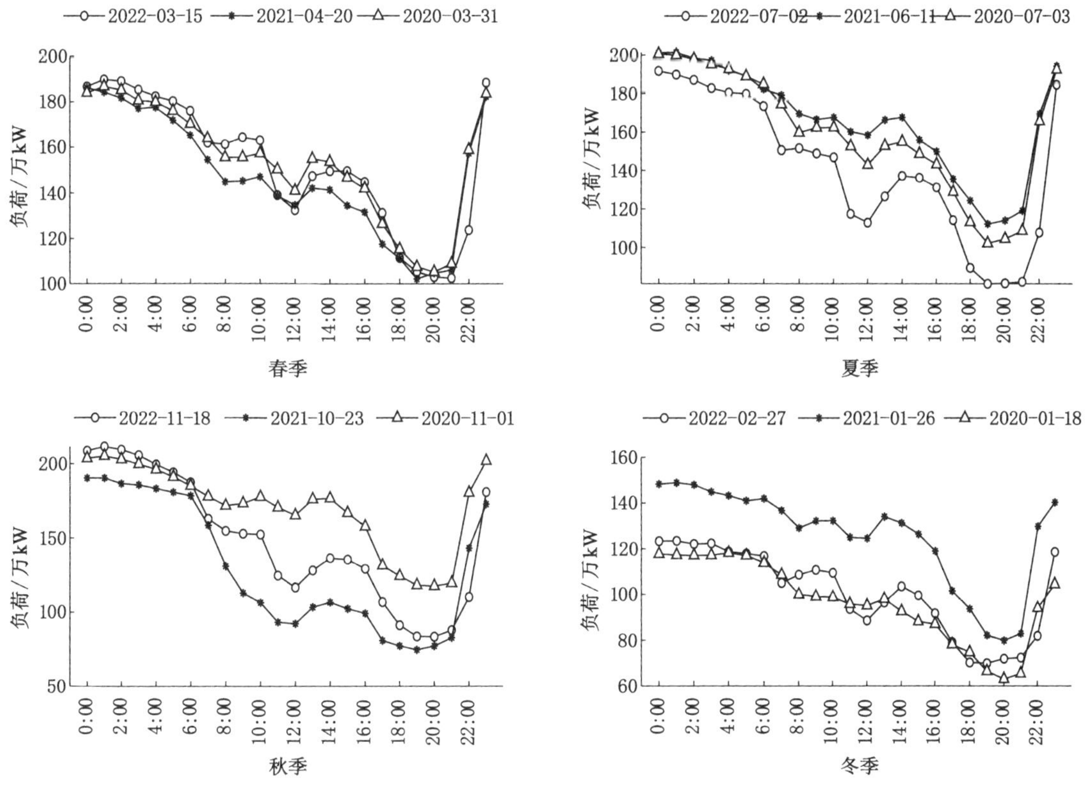

图 3-4-3 甲省 2020—2022 年非金属行业四季典型日负荷曲线

二是甲省非金属行业各季典型日负荷曲线呈“凹”字形。受电价时段调控政策影响,甲省非金属企业调整了生产节奏。这些工厂每天会在两个电费高峰时段刻意降低用电:12:00 前后暂停部分设备,20:00 到 22:00 的居民用电高峰期也缩减生产规模。

三是甲省非金属行业典型日负荷最大负荷有较明显的季节性差异。从负荷水平来看,春季、夏季和秋季,非金属行业用电负荷较高,冬季随着生产任务结束,行业负荷水平有所下降。从日负荷率来看,春季、夏季和秋季的日负荷率略高于冬季,总体呈现出明显的季节性差异。

3.4.4 化工行业用电负荷特性分析

甲省 2020—2022 年化工行业典型日负荷特性指标见表 3-4-4,该行业典型日负荷曲线如图 3-4-4 所示。

由分析可知,甲省电网的化工行业典型日负荷特性有如下特点:

一是甲省化工行业生产较为连续典型日负荷率相对较高。2020—2022 年期间甲省化工行业典型日负荷峰谷差率在0.097～0.369之间波动,日负荷率在0.868～0.951

表 3-4-4　2020—2022 年甲省化工行业四季典型日负荷特性指标

年份	季节	典型日期	最大负荷/万 kW	最小负荷/万 kW	峰谷差/万 kW	峰谷差率	日负荷率	最小负荷率
2020	春季	5 月 4 日	58.42	52.40	6.01	0.103	0.951	0.897
	夏季	6 月 29 日	66.77	59.78	6.98	0.105	0.945	0.895
	秋季	9 月 29 日	67.06	57.20	9.86	0.147	0.951	0.903
	冬季	2 月 28 日	52.72	48.06	4.66	0.088	0.913	0.838
2021	春季	3 月 22 日	71.32	63.71	7.61	0.107	0.95	0.893
	夏季	7 月 19 日	72.43	62.57	9.86	0.136	0.951	0.864
	秋季	11 月 19 日	72.88	59.78	13.10	0.180	0.878	0.774
	冬季	2 月 26 日	70.21	58.34	11.87	0.369	0.823	0.731
2022	春季	4 月 03 日	75.20	62.76	12.32	0.164	0.909	0.793
	夏季	6 月 27 日	70.20	57.48	12.60	0.180	0.891	0.820
	秋季	11 月 19 日	77.40	56.04	21.36	0.276	0.874	0.724
	冬季	1 月 19 日	78.72	56.88	21.84	0.278	0.868	0.722

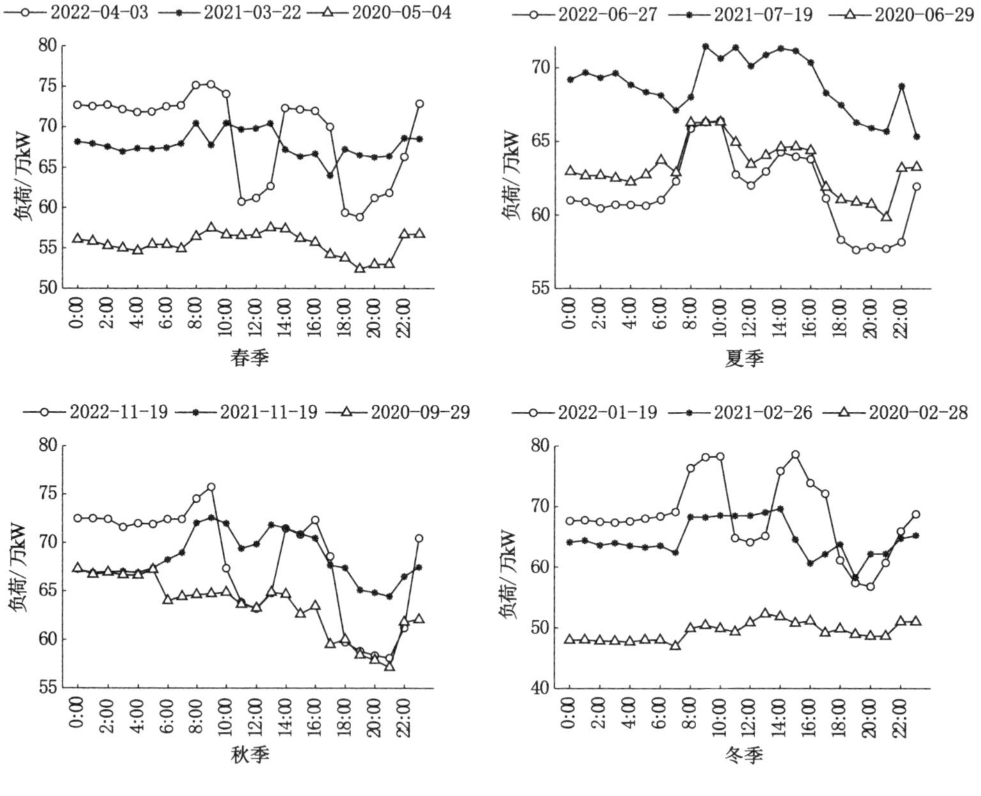

图 3-4-4　甲省 2020—2022 年化工行业四季典型日负荷曲线

之间波动。2022 年受新峰谷分时电价政策的影响，甲省化工行业典型日日负荷率和日最小负荷率呈小幅度下降趋势。

二是甲省化工行业各季典型日负荷曲线呈“M”形。甲省化工厂的用电量变化在 2022 年出现了新特征。过去两年(2020—2021 年)，这些工厂基本保持从早到晚平稳用电。但自 2022 年执行新的分时段电价后，情况发生了变化：每天 10:00 和 16:00 会形成两个用电高峰，而 12:00 和 21:00 则出现用电低谷。这种波动源于化工厂为节省电费采取的新策略——在电价最高的午间暂停部分压缩机运转，把需要大功率的化学反应工序提前到上午电价较低的时段完成，傍晚交班时又赶在电价上涨前集中投料生产，由此形成用电量的“双峰双谷”节奏。

三是甲省化工行业典型日负荷曲线随着季节更替呈现一定的周期性变化。具体表现为冬季用电量整体下降且波动增大，而春夏秋三季用电量更为稳定。这种差异主要源于生产计划调整：春夏秋三季一般按计划正常生产，冬季企业往往在完成年度生产目标后，会减少夜班生产或缩短设备运行时间。

3.4.5　机械制造行业用电负荷特性分析

甲省 2020—2022 年机械制造行业典型日负荷特性指标见表 3-4-5，该行业四季典型日负荷曲线如图 3-4-5 所示。

表 3-4-5　2020—2021 年甲省机械制造行业四季典型日负荷特性指标

年份	季节	典型日期	最大负荷/万 kW	最小负荷/万 kW	峰谷差/万 kW	峰谷差率	日负荷率	最小负荷率
2020	春季	3 月 17 日	24.82	13.28	11.53	0.465	0.728	0.535
	夏季	7 月 2 日	28.16	14.71	13.45	0.478	0.717	0.522
	秋季	11 月 17 日	27.70	15.07	12.62	0.456	0.741	0.544
	冬季	2 月 26 日	24.28	10.58	13.70	0.564	0.653	0.403
2021	春季	4 月 1 日	32.03	17.24	14.78	0.462	0.732	0.538
	夏季	8 月 14 日	26.70	15.28	11.42	0.428	0.683	0.498
	秋季	11 月 28 日	24.77	15.82	9.95	0.402	0.744	0.516
	冬季	12 月 28 日	33.96	14.44	19.52	0.575	0.659	0.425
2022	春季	5 月 24 日	27.60	15.00	12.60	0.458	0.730	0.542
	夏季	7 月 10 日	22.44	15.72	6.72	0.299	0.738	0.553
	秋季	11 月 23 日	28.32	15.36	12.84	0.456	0.725	0.544
	冬季	2 月 16 日	34.08	14.64	19.44	0.570	0.667	0.430

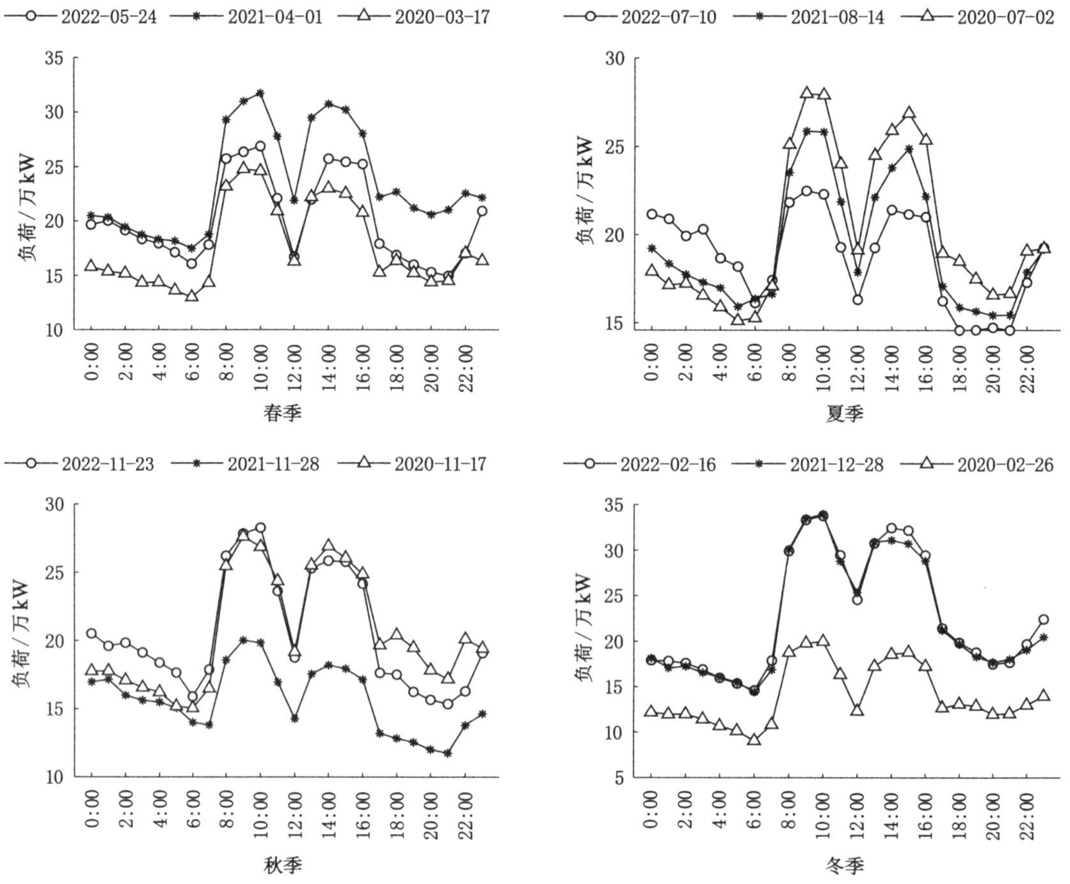

图 3-4-5　甲省 2020—2021 年机械制造行业四季典型日负荷曲线

由分析可知，甲省机械制造行业典型日负荷特性有如下特点：

一是甲省机械制造行业各季典型日负荷曲线呈“M”形。这类工厂每天会出现两次明显的用电高峰：第一次集中在 9:00～11:00 之间，此时所有车间设备完成预热并全面投入生产；第二次高峰出现在 15:00～17:00 交接班前，而夜间仅维持基本照明和少量设备待机，使得全天用电量形成“白天高、夜间低”的典型模式。

二是甲省机械制造行业日负荷曲线波动较大。2020—2022 年期间甲省机械制造行业峰谷差率通常在 0.30～0.60 之间波动，日负荷率在 0.65～0.74 之间波动。这类工厂白天全力运转，夜晚基本停工，导致用电量在 24 小时内剧烈波动。夜间仅维持车间基础照明，用电量不足白天高峰期的三成。呈现出鲜明的工作时段用电特征。

三是机械制造行业负荷特性指标随着季节更替变化较为显著。甲省机械制造企业的用电量在冬季呈现波动，这与其生产节奏和温度调控密切相关。同时，虽然车间需要供暖维持设备运行温度，但只在 7:00 至 19:00 的工作时段开启暖风系统，且温度设定比夏季空调低 5 ℃左右。这种双重调整使得冬季呈现特殊用电特征：白天 10:00 和 15:00 出现两个次高峰，但峰值较夏季下降 15%～18%；夜间用电量骤降至不足白天高峰的 30%，导致全天用电波动幅度比春秋季高出 40%。

3.4.6　电子设备制造行业用电负荷特性分析

甲省 2020—2022 年电子设备制造行业典型日负荷特性指标见表 3-4-6，该行业四季典型日的日负荷曲线如图 3-4-6 所示。

表 3-4-6　2020—2022 年甲省电子设备制造行业四季典型日负荷特性指标

年份	季节	典型日期	最大负荷/万 kW	最小负荷/万 kW	峰谷差/万 kW	峰谷差率	日负荷率	最小负荷率
2020	春季	3 月 22 日	82.20	68.52	13.68	0.166	0.92	0.834
	夏季	6 月 11 日	110.34	88.80	21.54	0.195	0.901	0.787
	秋季	9 月 15 日	96.90	79.78	17.12	0.177	0.915	0.823
	冬季	2 月 16 日	60.89	53.39	7.50	0.123	0.899	0.798
2021	春季	5 月 20 日	75.52	62.50	13.02	0.172	0.903	0.828
	夏季	8 月 16 日	129.86	98.60	31.26	0.241	0.886	0.759
	秋季	11 月 1 日	113.52	85.06	28.46	0.251	0.891	0.749
	冬季	2 月 3 日	97.32	81.80	15.52	0.159	0.914	0.841
2022	春季	3 月 1 日	123.60	98.04	25.56	0.207	0.896	0.793
	夏季	7 月 7 日	151.64	122.16	29.48	0.194	0.881	0.756
	秋季	9 月 19 日	142.12	113.28	28.84	0.203	0.917	0.858
	冬季	2 月 14 日	122.64	93.48	29.16	0.238	0.881	0.762

由分析可知，甲省电网的电子设备制造行业典型日负荷特性有如下特点：

一是甲省电子设备制造业用电需求明显提升。甲省电子设备制造行业发展较快，典型日负荷曲线显著提高，2020—2022 年期间，甲省电子设备制造业行业各季度典型日最大负荷分别年均增长 22.6%、21.0%、16.8%和 35.4%，典型日负荷曲线呈双高峰特征，早高峰出现在 9:00～11:00 左右，午高峰出现在 14:00～16:00 左右。

二是甲省电子设备制造行业生产较为连续日负荷率相对较高。2020—2022 年期间甲省电子设备制造行业典型日负荷峰谷差率在 0.142～0.251 之间波动，日负荷率在 0.881～0.920 之间波动。结果显示，2020 年以后甲省电了设备制造行业典型日峰谷差率变化不大，而典型日负荷率小幅波动下降。

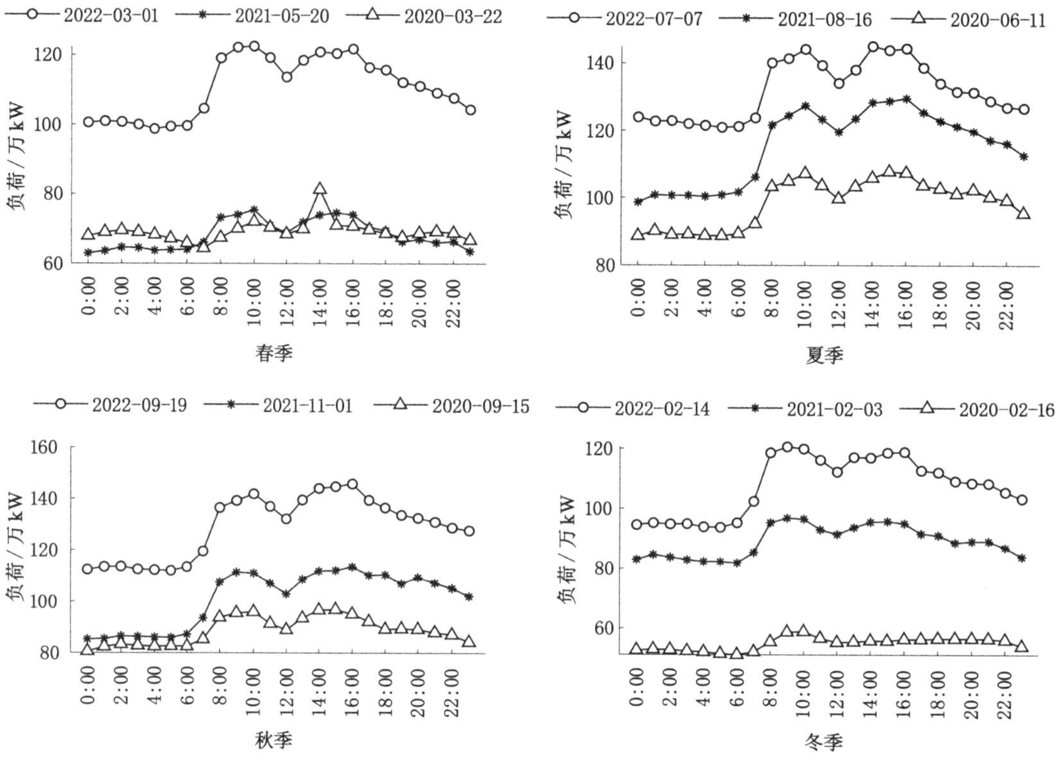

图 3-4-6 甲省 2020—2022 年电子设备制造行业四季典型日负荷曲线

三是电子设备制造行业生产随季节变化呈现一定差异。 夏季既是生产高峰期，又因车间需要持续降温，导致整体用电量较其他季节提升约 40%，但用电稳定性有所下降。具体表现为：白天生产叠加空调全负荷运行时，用电量达到顶点；夜间仅维持基础生产时，用电量快速回落，这种昼夜波动幅度比冬季大 25% 左右。冬季生产转入淡季后，工厂在缩减产能的同时，也将温控系统调节为间歇运行模式，使得全天用电量虽降低 30%，但各时段用电波动幅度收窄至 15% 以内。这种季节差异显示，生产强度与温控需求的叠加效应，是影响行业用电稳定性的核心因素。

3.4.7 交通运输行业用电负荷特性分析

甲省 2020—2022 年交通运输行业典型日负荷特性指标见表 3-4-7，该行业四季典型日的日负荷曲线如图 3-4-7 所示。

由分析可知，甲省交通运输行业典型日负荷特性有如下特点：

一是甲省交通运输行业日负荷曲线呈三角形。 每天清晨 6:00 起，随着物流车辆充电、地铁增开班次等需求上升，用电量逐步攀升，至 15:00 左右达到全天最高值，随后随

表 3-4-7　2020—2022 年甲省交通运输行业四季典型日负荷特性指标

年份	季节	典型日期	最大负荷/万 kW	最小负荷/万 kW	峰谷差/万 kW	峰谷差率	日负荷率	最小负荷率
2020	春季	5 月 01 日	96.52	42.28	54.24	0.562	0.655	0.369
	夏季	7 月 12 日	127.08	60.20	66.88	0.526	0.640	0.376
	秋季	11 月 6 日	130.38	45.05	85.33	0.654	0.618	0.346
	冬季	1 月 30 日	114.48	48.50	65.98	0.576	0.696	0.424
2021	春季	3 月 10 日	140.89	51.70	89.20	0.625	0.657	0.375
	夏季	7 月 07 日	164.94	65.37	99.57	0.604	0.651	0.41
	秋季	11 月 2 日	120.85	51.77	69.08	0.572	0.678	0.428
	冬季	12 月 20 日	131.90	53.26	78.64	0.596	0.613	0.367
2022	春季	5 月 08 日	86.64	44.16	42.48	0.490	0.707	0.422
	夏季	7 月 02 日	142.48	64.20	78.28	0.549	0.664	0.358
	秋季	10 月 20 日	110.76	51.72	59.04	0.533	0.687	0.467
	冬季	1 月 9 日	134.72	69.04	65.68	0.488	0.676	0.408

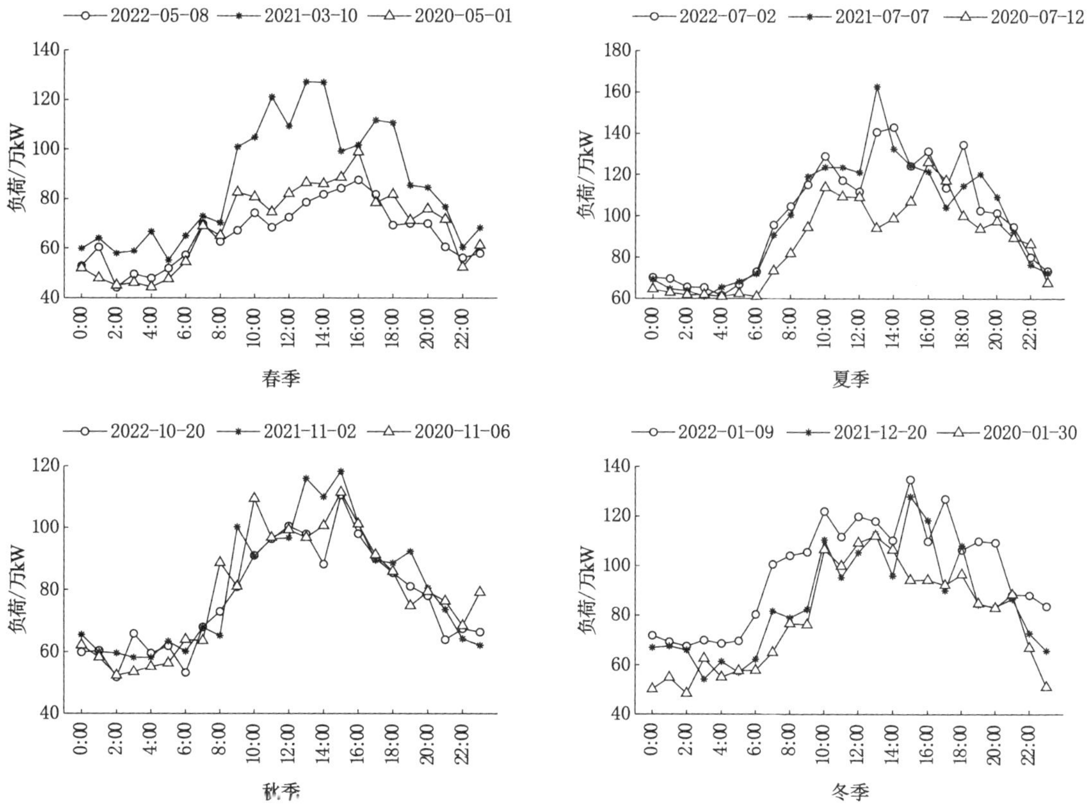

图 3-4-7　甲省 2020—2022 年交通运输行业四季典型日负荷曲线

着运营活动减少，用电量平缓下降。这种“单峰单谷”的用电模式在2020—2022年持续存在，例如冬季15:00的用电峰值仅比夏季低5%左右，各季节用电曲线如同复刻般高度相似。这种稳定性源于行业特性——无论是货运场站的装卸设备运转，还是交通枢纽的照明系统，其用电需求主要受固定运营时刻表支配，受气候等外部因素影响较小。

二是甲省交通运输行业日负荷波动幅度较大。 2020—2022年期间甲省交通运输行业峰谷差率在0.53～0.65之间，日负荷率在0.62～0.71之间。由于交通运输行业用电不连续，夜间出行人数少，用电负荷低，因此其行业负荷曲线波动幅度较大，峰谷差率在各产业用电中相对较大，负荷率较小。

三是甲省交通运输行业负荷大小随季节周期变化。 甲省交通运输行业的用电量存在显著季节波动，这种波动与温度调控需求紧密相关。夏季高温期间，地铁站、长途客运站等场所需全天候运行制冷系统，导致7月日均用电量比春秋季高。春秋季温度适宜时段，交通场所主要依靠自然通风调节环境，此时用电量呈现“自然升降”特征——清晨6:00随运营启动稳步上升，15:00达峰后平缓下降，昼夜波动幅度比夏冬季小。

3.4.8 住宿和餐饮行业用电负荷特性分析

甲省2020—2022年住宿和餐饮行业典型日负荷特性指标见表3-4-8，该行业四季典型日负荷曲线如图3-4-8所示。

表3-4-8 2020—2022年甲省住宿和餐饮行业四季典型日负荷特性指标

年份	季节	典型日期	最大负荷/万kW	最小负荷/万kW	峰谷差/万kW	峰谷差率	日负荷率	最小负荷率
2020	春季	4月24日	26.48	10.72	15.77	0.595	0.718	0.405
	夏季	6月29日	53.16	27.40	25.76	0.485	0.793	0.515
	秋季	9月15日	42.41	15.65	26.76	0.631	0.699	0.369
	冬季	1月24日	31.36	17.69	13.67	0.436	0.812	0.564
2021	春季	4月06日	42.78	17.05	23.73	0.555	0.74	0.44
	夏季	6月15日	64.86	30.83	34.04	0.525	0.784	0.507
	秋季	9月22日	59.91	23.22	36.69	0.612	0.734	0.462
	冬季	1月16日	56.34	23.03	33.31	0.591	0.738	0.409
2022	春季	3月10日	34.28	15.60	18.68	0.545	0.711	0.408
	夏季	7月1日	73.56	38.04	35.52	0.483	0.779	0.517
	秋季	9月23日	48.72	20.04	28.68	0.588	0.698	0.412
	冬季	1月13日	64.56	30.36	34.20	0.530	0.755	0.470

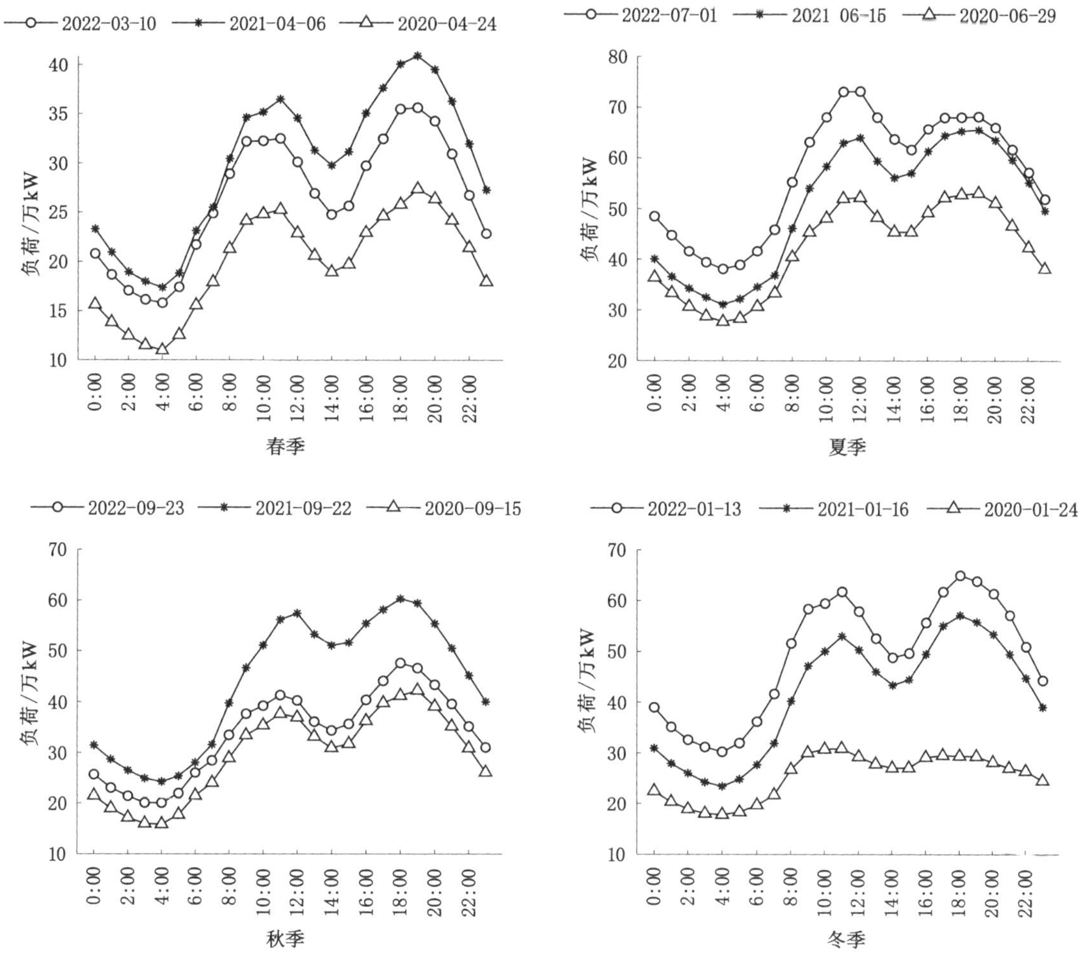

图 3-4-8　甲省 2020—2022 年住宿和餐饮行业四季典型日负荷曲线

由分析可知，甲省住宿和餐饮行业的日负荷特性有如下特点：

一是甲省住宿和餐饮行业各季典型日负荷曲线呈“双高峰”特征。午高峰出现在 10：00～12：00 左右，晚高峰出现在 18：00～20：00 左右，与一般工商业负荷曲线特征相似。

二是甲省住宿和餐饮行业各季典型日负荷波动较大。2020—2022 年期间甲省住宿和餐饮行业峰谷差率在 0.44～0.63 之间，日负荷率在 0.73～0.81 之间。住宿和餐饮行业的负荷特性与民众日常生活的特点密切相关，行业的晚高峰负荷一般大于午高峰负荷。

三是受空调负荷的影响，甲省住宿和餐饮行业用电负荷特性随季节而变化。由于存在降温和取暖空调负荷，因此甲省住宿和餐饮行业夏季和冬季负荷水平较春秋季高，且日负荷率大于春季和秋季。甲省酒店餐馆等场所的用电量随气温变化呈现规律性起伏。这类场所的空调系统在夏冬两季持续运转，导致用电量显著高于春秋两季，且每天不同时段的用电量差异更大。

3.4.9 行业用电负荷特性小结

总的来说，2020—2022 年期间甲省行业用电负荷特性有如下特点：

一是甲省四大高耗能行业生产较连续负荷率水平整体较高。黑色金属、有色金属、非金属、化工行业属于传统工业行业，用电成本占企业生产成本比重较高，且受生产工艺影响，企业多保持连续性生产，并采用三班倒工作制。从整体负荷水平来看，甲省四大高耗能行业负荷水平普遍增速较慢，其中黑色金属和有色金属行业负荷呈现负增长。从典型日负荷率来看，由于有色金属和化工行业生产较为连续，冲击负荷较少，负荷曲线波动相对较小，日负荷率和日最小负荷率较黑色金属和非金属行业略高。从电价影响程度来看，有色金属和非金属行业受峰谷分时电价影响较大，负荷曲线在高峰电价期间下降明显；而黑色金属和化工行业受生产工艺的影响，一天内不能频繁调整生产状态，因此峰谷分时电价对黑色金属和化工行业负荷影响有限。

二是甲省装备制造行业负荷增长较快，均呈现“双高峰”特征。从整体负荷水平来看，受甲省高端工程机械、先进轨道交通、先进储能材料、先进硬质材料及工具、输变电装备、新能源汽车、电池制造业等行业的良好发展势头影响，甲省装备制造行业负荷水平快速增长，2020—2022 年期间甲省机械制造和电子设备制造业典型日负荷年均增速分别达到 13.9％和 35.4％。从负荷曲线来看，甲省装备制造行业曲线相似均呈现“双高峰”特征，且高峰低谷出现的时段基本一致。从负荷特性指标来看，甲省机械制造行业负荷曲线波动相对较大，典型日负荷率明显高于电子设备制造行业。

三是甲省交通运输业、住宿和餐饮行业日负荷曲线波动较大。从负荷曲线形态来看，交通运输业日负荷曲线呈现单高峰特征，住宿和餐饮业呈“双高峰”特征。从负荷特性指标来看，由于交通运输业、住宿和餐饮业其行业本身特点用电负荷大部分集中在白天，因此这两行业日负荷率总体均偏低，峰谷差率均偏高。此外交通运输行业全天只有一个高峰负荷，其典型日负荷率较住宿和餐饮业更低。

3.5　地区用电负荷特性分析

3.5.1　乙市用电负荷特性分析

乙市作为甲省的省会城市，是甲省经济的核心，GDP 总量和人均 GDP 均高居全省第一，乙市既是服务业发达的“网红”城市，也是著名的“工程机械之都”，以装备制造业为核心竞争力。工业、服务业用电需求持续旺盛对负荷特性产生一定影响。通过分析乙市的用电负荷特性，可以了解该地区主要经济活动对负荷的贡献和影响程度。

(1) 年负荷特性分析

甲省 2020—2022 年乙市地区用电年负荷特性指标见表 3-5-1，地区用电年负荷曲线如图 3-5-1 所示。

表 3-5-1　2020—2022 年乙市地区用电年负荷特性指标

时间	2020 年	2021 年	2022 年
最大负荷/万 kW	996.72	1 098.48	1 269.84
最大负荷日	8 月 5 日	7 月 14 日	8 月 17 日
最大负荷时刻	13:00	22:00	19:00
季不均衡系数	0.749	0.804	0.736
年最大峰谷差率	0.588	0.531	0.539
年最大峰谷差率出现时间	2 月 6 日	4 月 5 日	2 月 6 日
年平均峰谷差/万 kW	272.52	301.08	318.36
年平均峰谷差率	0.436	0.414	0.402
年平均日负荷率	0.817	0.830	0.832

由分析可知，自 2020 年以来甲省乙市地区用电年负荷曲线具有以下特点：

一是乙市地区最大用电负荷上升较快。2020 年乙市地区最大负荷为 996.72 万 kW，2022 年增长至 1 269.84 万 kW，年均增速达到 12.8%。

二是乙市地区年负荷曲线呈“W”形。全年明显存在夏季和冬季两个高峰负荷，夏季高峰段一般出现在 7、8 月份，冬季高峰段一般出现在 1、12 月份，乙市地区的最大负荷基本出现在夏季。

三是乙市地区负荷波动幅度相对较大。乙市地区连续生产的高耗能企业较少，第

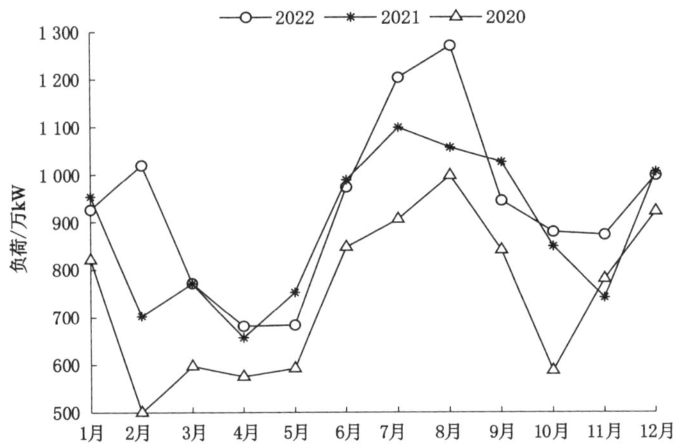

图 3-5-1　2020—2022 年乙市地区用电年负荷曲线

三产业、居民生活用电占比接近 60%，年最大峰谷差率在 0.53～0.59 之间，年平均峰谷差率在 0.40～0.44 之间，年平均日负荷率在 0.81～0.83 之间。近年来，乙市地区整体用电结构保持稳定，其主要年度负荷特性指标变化不大。

（2）月负荷特性分析

2020—2022 年乙市地区各月负荷特性曲线如图 3-5-2 所示。

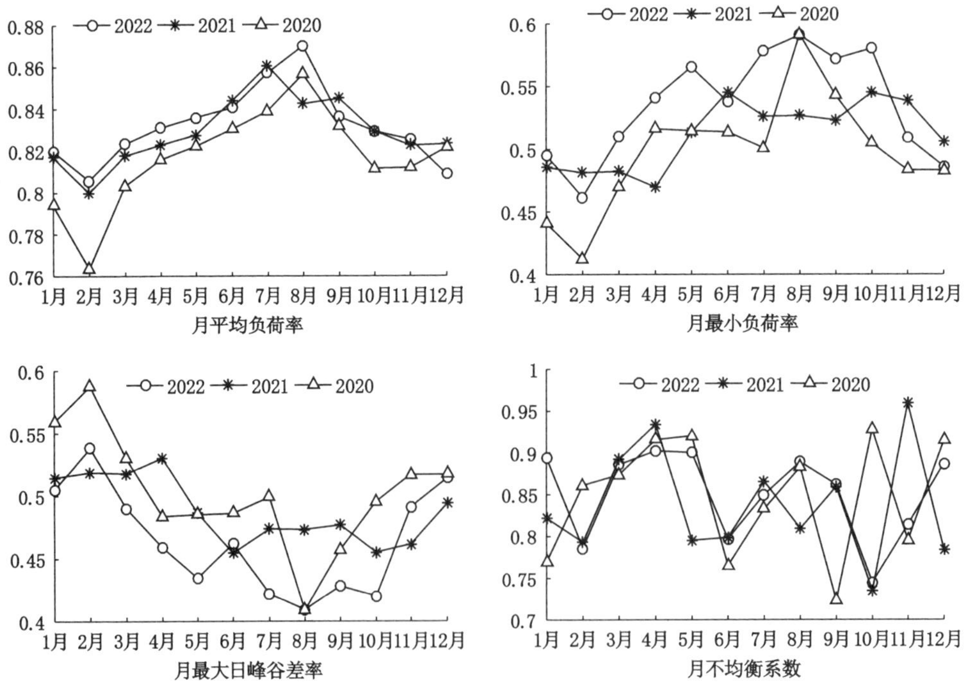

图 3-5-2　2020—2022 年甲省乙市地区用电月负荷特性曲线

乙市地区月平均负荷率曲线与月最小负荷率曲线呈“凸”字形，而月最大日峰谷差率曲线呈“凹”字形。乙市地区的用电模式呈现鲜明季节特征，夏冬两季形成截然不同的波动形态。夏季高温期间，空调设备全天候运转，即便23:00居民区的降温用电仍占总量的40%，这与当地夜市经济活跃、商业场所延长营业至凌晨直接相关。这种持续性用能需求使得7月份用电曲线呈现“中间高两头缓”的特征——12:00至16:00维持在高位平台，22:00因商业区空调全开形成次高峰，4:00最低用电量仍比春秋季同时段高出30%。冬季则呈现相反态势，特别是春节所在月份，工业区用电量较常态下降60%～70%，而居民区19:00至21:00因集中供暖用电激增45%。这种供需错位导致1月份用电波动达到全年顶点，某居民小区除夕夜的用电峰谷差达到平日的3倍，形成“中间凹陷两端陡峭”的波动曲线。监测数据显示，春节期间居民区晚高峰用电量较工业区低谷时段高出8倍，凸显出生活用能与生产用能的季节性错配特征。

(3) 日负荷特性分析

2020—2022年期间，乙市地区夏季和冬季典型日负荷特性如表3-5-2和图3-5-3所示。

表3-5-2　2020—2022年乙市地区用电典型日负荷特性指标

年份	2020年		2021年		2022年	
日期	7月6日	1月1日	8月12日	1月29日	6月27日	1月20日
星期	周一	周三	周四	周五	周一	周四
最大负荷/万kW	796.44	666.84	892.68	683.76	972.72	827.76
最大负荷时间	21:00	20:00	21:00	19:00	21:00	11:00
最小负荷/万kW	499.44	344.04	522.36	390.96	250.32	438.24
最小负荷时间	5:00	4:00	5:00	5:00	5:00	5:00
负荷率	0.852	0.807	0.838	0.838	0.869	0.822
最小负荷率	0.627	0.516	0.585	0.572	0.652	0.529
峰谷差/万kW	297.00	322.92	370.32	292.80	338.40	389.52
峰谷差率	0.373	0.484	0.415	0.428	0.348	0.471

乙市地区夏、冬两季典型日负荷曲线均波动幅度较大。乙市地区夏季典型日下午至晚上用电负荷普遍较高，用电低谷时段出现在5:00；冬季典型日则呈现典型的“双高峰”特征，10:00～12:00以及18:00～20:00为用电高峰时段，5:00以及15点左右为用电低谷时段。由于乙市相对省内其他地区经济较为发达，三产和居民用电比重较大，因

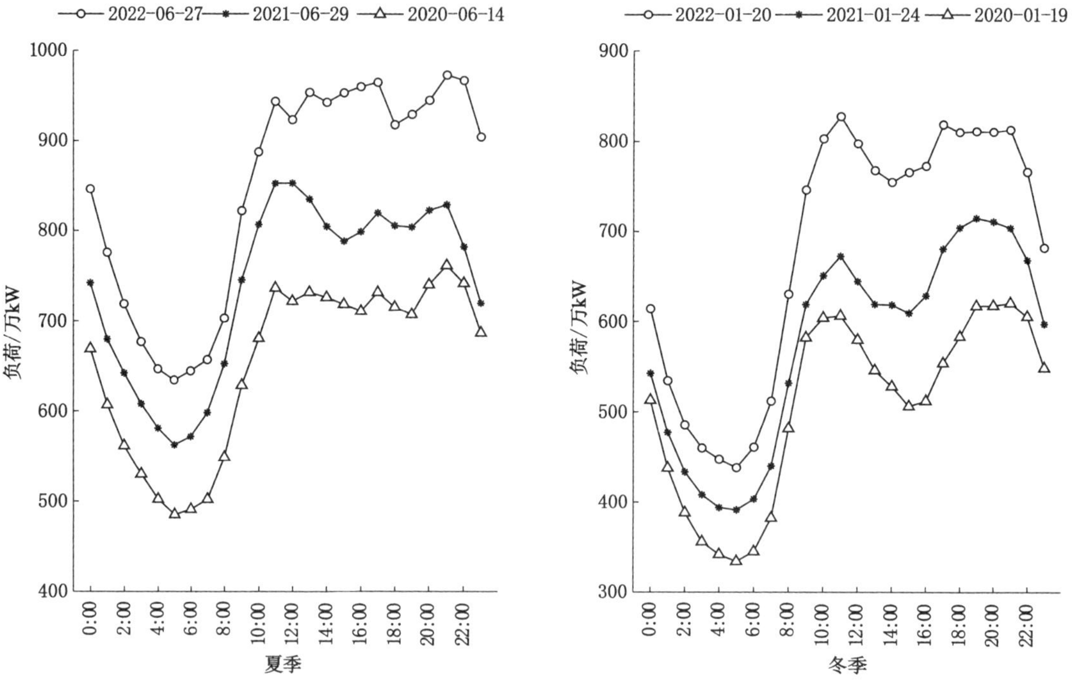

图 3-5-3　2020—2022 年甲省乙市地区夏、冬两季典型日负荷曲线

此与其他地区相比，乙市地区典型日峰谷差率较高，日负荷率和日最小负荷率较低。

3.5.2　丁市用电负荷特性分析

丁市是甲省的粮食主产区之一，也是外出务工人员大市。丁市地区的人口规模、密度以及人口流动特点较有代表性，通过分析丁市的用电负荷情况，可以较好地研究人口流动对电力需求的影响。

(1) 年负荷特性分析

甲省 2020—2022 年丁市地区用电年负荷特性指标见表 3-5-3，用电年负荷曲线如图 3-5-4 所示。由分析可知，自 2020 年以来甲省丁市地区用电年负荷曲线具有以下特点：

一是丁市地区用电最大负荷增长较快。2020 年丁市地区年最大负荷为 264.36 万 kW，2022 年增长至 328.92 万 kW，年均增速达到 11.5%。

二是丁市地区年最大负荷出现在春节期间。丁市地区年负荷曲线呈“W”形，春秋用电负荷最低，夏冬负荷较高，并且全年最大负荷基本出现在春节期间。主要由于丁市地区外出务工人员多，春节期间随着在外人口大量返乡，导致居民用电负荷大幅增长，且在春节期间达到全年最高，引起丁市地区春节期间供电形势异常紧张。

三是丁市地区负荷波动幅度相对较大。丁市地区平均日负荷率较低(0.75 左右)，年平均峰谷差率较高(0.54 左右),主要是由于丁市地区流动人口较多,而本地工业欠发达,因此春节过后丁市地区用电负荷相对其它地区较轻,且负荷率也相对较低。

表 3-5-3　2020—2022 年丁市地区用电年负荷特性指标

时间	2020 年	2021 年	2022 年
最大负荷/万 kW	264.36	248.52	328.92
最大负荷日	1 月 24 日	12 月 28 日	1 月 31 日
最大负荷时刻	20:00	19:00	21:00
季不均衡系数	0.711	0.792	0.651
年最大峰谷差率	0.809	0.768	0.742
年最大峰谷差率出现时间	2 月 15 日	2 月 11 日	1 月 31 日
年平均峰谷差/万 kW	91.48	88.72	93.48
年平均峰谷差率	0.555	0.525	0.514
年平均日负荷率	0.741	0.759	0.762

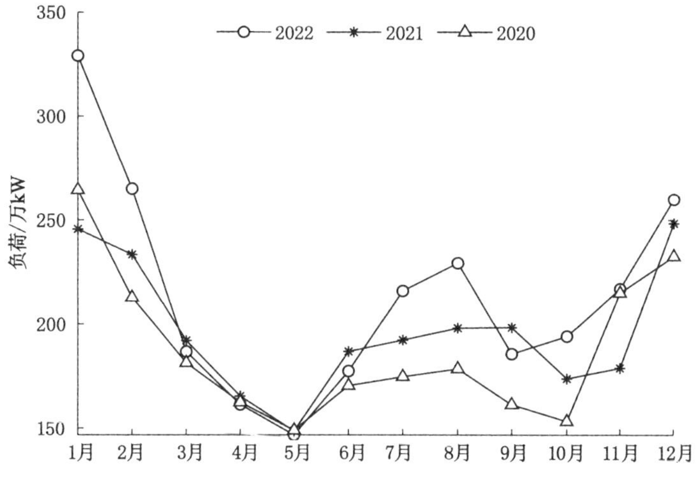

图 3-5-4　2020—2022 年丁市地区用电年负荷曲线

(2) 月用电负荷特性分析

2020—2022 年丁市地区各月负荷特性曲线如图 3-5-5 所示。

丁市地区月平均负荷率和月最小负荷率曲线都呈现“凸”字形,月最大日峰谷差率曲线呈现“凹”字形。丁市地区部分工业企业于年初接到订单,春节后开始逐步开始生产,夏季工业负荷叠加空调负荷使得丁市地区月平均负荷率、月最小负荷率攀升至高峰,而月最大日峰谷差率呈现相反的变化趋势。此外丁市地区月不均衡系数在春节以及夏秋过渡期间数值较低。由于春节所在月份由于工业用电比重最低,夏秋过渡时期,

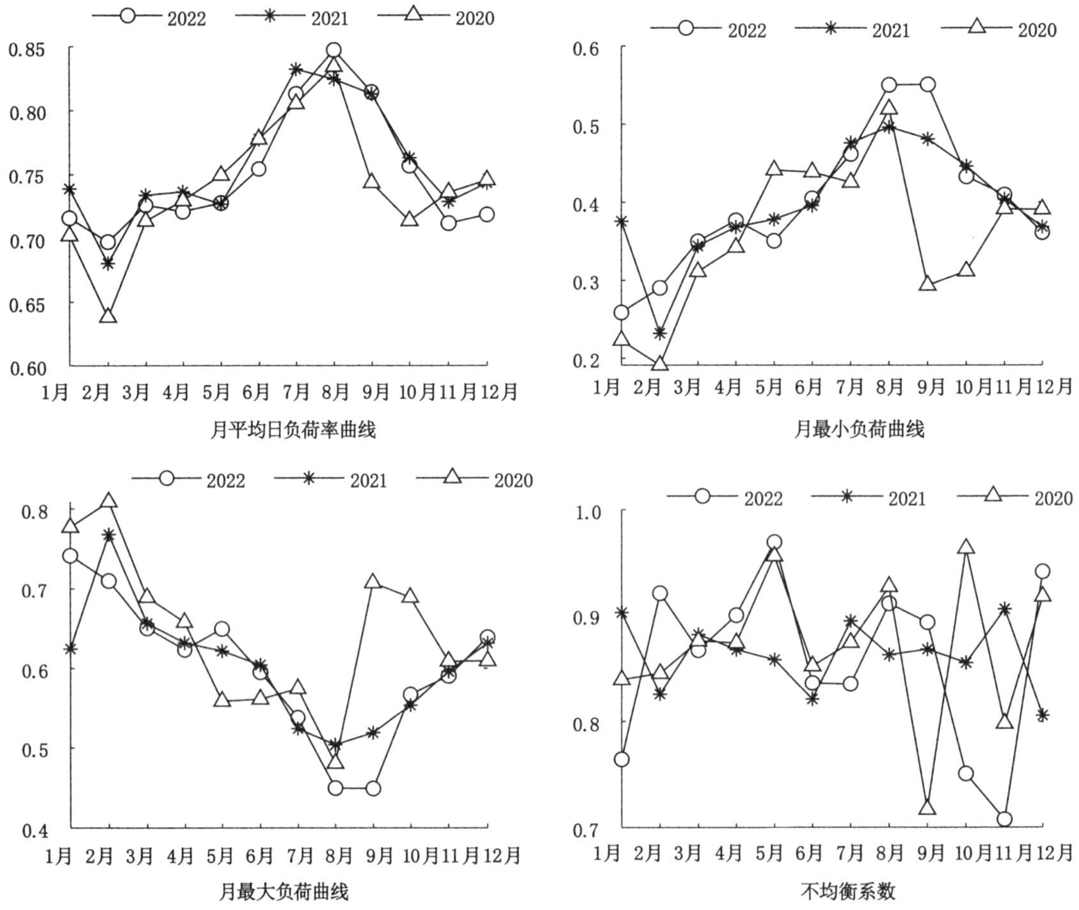

图 3-5-5 2020—2022 年甲省丁市地区用电月负荷特性曲线

气温变化幅度较大，导致用电波动较大，因此与相邻月份相比月不均衡系数有所降低。

(3) 日负荷特性分析

2020—2022 年期间，丁市地区夏季和冬季典型日负荷特性如表 3-5-4 和图 3-5-6 所示。

表 3-5-4 2020—2022 年丁市地区用电典型日负荷特性指标

年份	2020 年		2021 年		2022 年	
日期	7 月 1 日	1 月 1 日	6 月 16 日	1 月 22 日	7 月 11 日	1 月 14 日
星期	周三	周三	周三	周五	周日	周五
最大负荷/万 kW	152.76	199.20	175.68	206.28	183.84	229.68
最大负荷时间	21:00	20:00	21:00	19:00	21:00	19:00
最小负荷/万 kW	90.60	78.60	97.92	84.12	101.52	88.44

表3-5-4(续)

年份	2020 年		2021 年		2022 年	
最小负荷时间	5:00	4:00	5:00	5:00	5:00	4:00
负荷率	0.823	0.727	0.793	0.731	0.819	0.742
最小负荷率	0.593	0.395	0.557	0.408	0.552	0.385
峰谷差/万 kW	62.04	120.60	77.76	122.16	82.32	141.24
峰谷差率	0.407	0.605	0.443	0.592	0.448	0.615

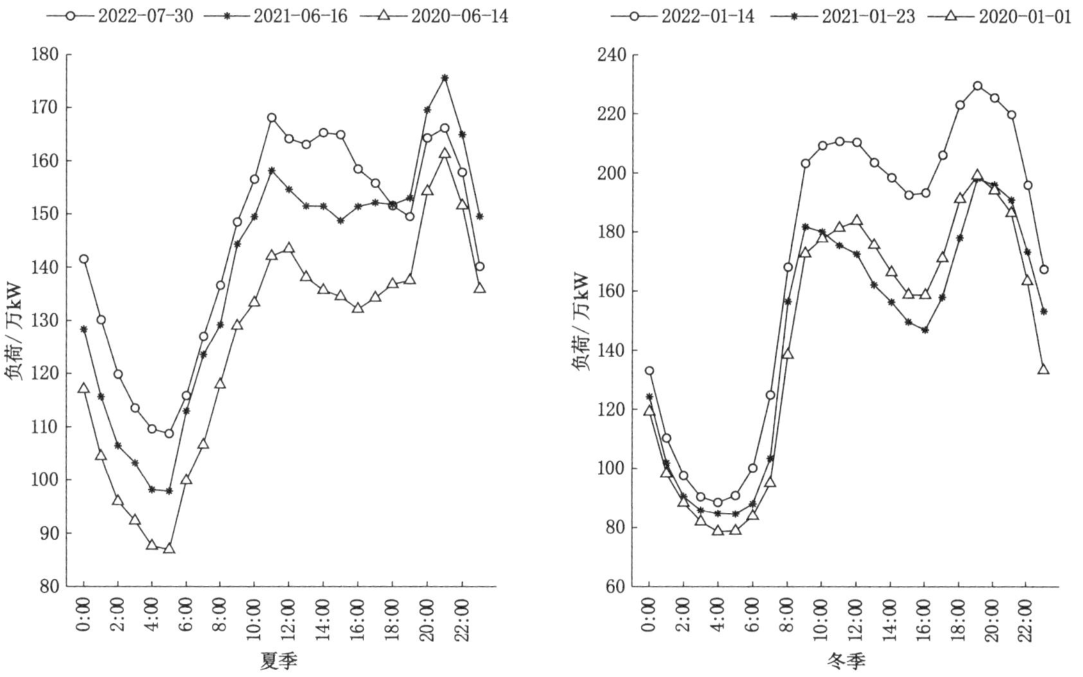

图 3-5-6　2020—2022 年甲省丁市地区夏、冬两季典型日负荷曲线

丁市地区夏、冬两季典型日负荷曲线持续呈现“双高峰”特征。峰谷差率在 0.4～0.615 之间波动。午高峰均出现在 10:00 左右，夏季晚高峰出现在 20:00 左右，冬季晚高峰出现在 19:00 左右，冬季峰谷差率明显高于夏季。

3.5.3　戊市用电负荷特性分析

戊市是甲省重要的省辖地级市，是典型的资源型工业城市。重点用能行业有黑色金属冶炼及压延加工业、非金属矿物制品业、煤炭开采和洗选业等，代表性企业包括 A 集团、E 公司等大型高耗能企业。戊市高耗能行业用电占全社会用电量和负荷比重大，通过分析戊市的用电负荷情况，可以更好地了解典型工业用电城市的负荷特性变化趋势，为制定合理的用电规划和能源管理提供依据。

（1）年负荷特性分析

甲省2020—2022年戊市地区用电年负荷特性指标见表3-5-5，用电年负荷曲线如图3-5-7所示。

表3-5-5　2020—2022年戊市地区用电年负荷特性指标

时间	2020年	2021年	2022年
最大负荷/万kW	229.68	251.28	255.72
最大负荷日	12月3日	12月28日	1月24日
最大负荷时刻	18:00	18:00	17:00
季不均衡系数	0.827	0.84	0.864
年最大峰谷差率	0.685	0.621	0.629
年最大峰谷差率出现时间	1月24日	2月16日	2月2日
年平均峰谷差/万kW	62.88	64.08	65.16
年平均峰谷差率	0.375	0.345	0.33
年平均日负荷率	0.835	0.845	0.846

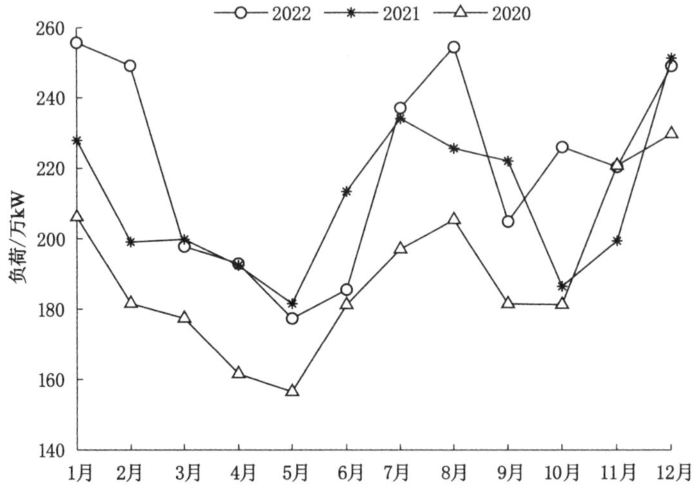

图3-5-7　2020—2022年戊市地区用电年负荷曲线

由分析可知，自2020年以来甲省戊市地区用电年负荷曲线具有以下特点：

一是戊市地区用电最大负荷上升较慢。2020年戊市地区最大用电负荷为229.68万kW，2022年增长至的255.72万kW，年均上涨4.8%。

二是戊市地区年负荷曲线呈"W"形，全年最大负荷基本出现在冬季。戊市地区冬季暖设备使用同时率较降温设备高，调查显示在冬季 18:00～20:00 期间，电烤桌等设备开启率达到 98.5%，而夏季同时段，风扇、空调等设备开启率仅为 41.2%，独特的用电习惯导致戊市地区最大负荷基本出现在冬季。

三是戊市地区年平均日负荷率较高，年平均峰谷差率较低。戊市地区工业用电占比高达 66.1%，大工业用户的用电方式，很大程度上影响地区负荷走势，受峰谷分时电价影响，戊市地区大用户负荷高峰一般出现在 0:00～8:00，与地区最大负荷形成错峰之势，因此戊市地区年平均日负荷率总体偏高。

（2）月负荷特性分析

2020—2022 年戊市地区各月负荷特性曲线如图 3-5-8 所示。

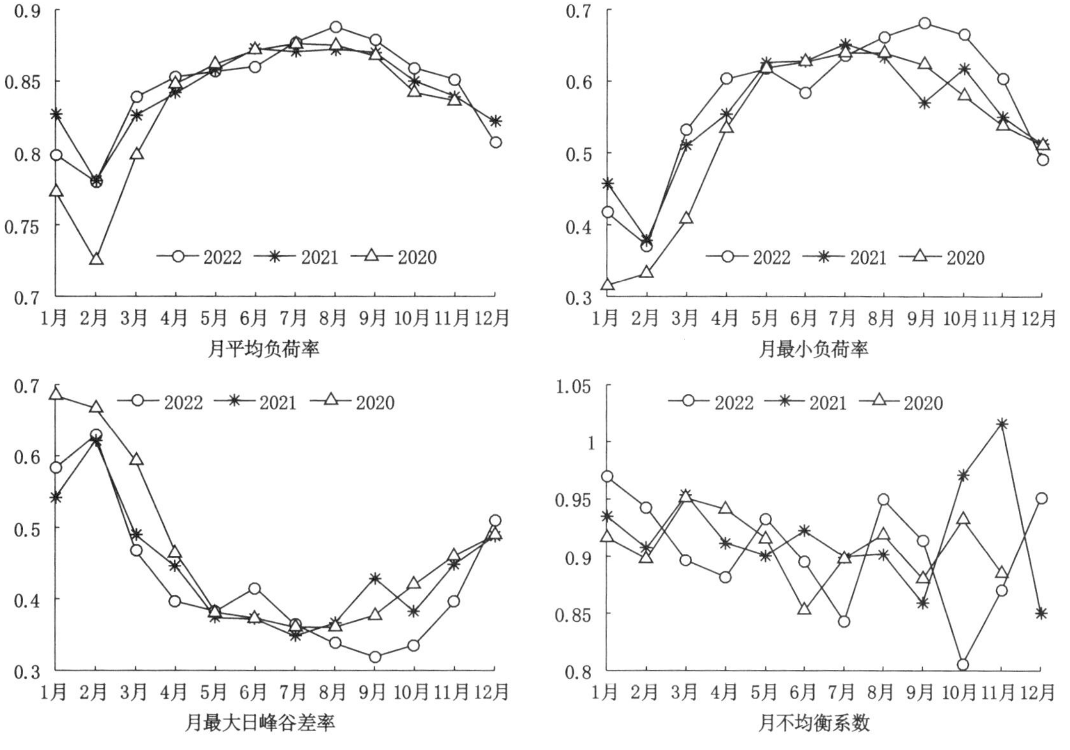

图 3-5-8　2020—2022 年甲省戊市地区用电月负荷特性曲线

戊市地区月平均负荷率和月最小负荷率曲线都呈现“凸”字形，月最大日峰谷差率曲线呈现“凹”字形。与其他地区一样，戊市地区春节期间工业占比相对较低，月平均负荷率和月最小负荷率全年最低，春节过后开始逐渐满负荷生产，负荷率持续上升，峰谷差率则持续下降。由于戊市地区工业用电占比较高，因此月不均衡系数始终保持在较高水平（0.85 以上）。

（3）日负荷特性分析

2020—2022年戊市地区夏、冬两季典型日用电负荷特性如表3-5-6和图3-5-9所示。

表3-5-6　2020—2022年戊市地区用电典型日负荷特性指标

年份	2020年		2021年		2022年	
日期	6月15日	1月7日	6月25日	2月02日	7月12日	1月21日
星期	周三	周三	周三	周五	周三	周五
最大负荷/万kW	165.48	183.84	186.72	194.40	192.72	223.08
最大负荷时间	11:00	18:00	11:00	19:00	15:00	17:00
最小负荷/万kW	116.76	101.16	134.04	109.68	142.68	123.84
最小负荷时间	5:00	4:00	6:00	2:00	6:00	2:00
负荷率	0.898	0.782	0.899	0.823	0.898	0.802
最小负荷率	0.706	0.55	0.718	0.565	0.74	0.555
峰谷差/万kW	48.72	82.68	52.68	84.60	50.04	99.24
峰谷差率	0.294	0.45	0.282	0.436	0.26	0.445

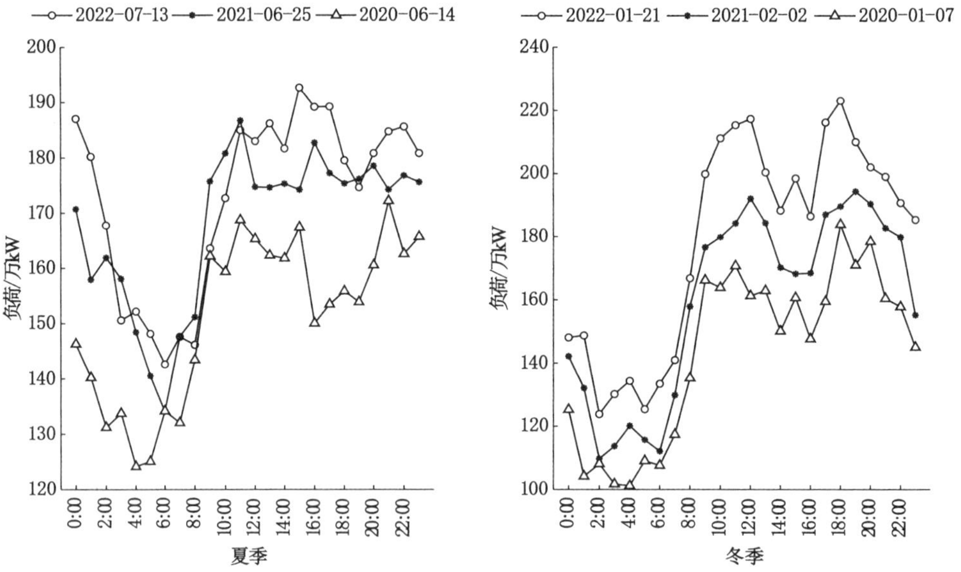

图3-5-9　2020—2022年甲省戊市地区夏、冬两季典型日负荷曲线

戊市夏、冬两季典型日负荷率相对较高，而峰谷差率则相对较低。与其他地区相比，戊市地区工业用电占比更高，地区高耗能产业相对较多用电负荷波动较小。此外，

戊市地区夏、冬两季典型日用电负荷曲线形状与乙市地区类似，夏季典型日下午至晚上的负荷水平普遍较高，低谷时段出现在6:00左右，而冬季典型日负荷曲线则明显呈现双高峰的特点，午高峰出现在12:00左右，晚高峰出现在18:00～20:00。

3.5.4　地区用电负荷特性小结

从年负荷特性来看，乙市、丁市和戊市地区用电最大负荷都呈上升趋势，乙市地区负荷增速最快，戊市地区负荷增速相对较慢。其次，乙市地区夏季气候炎热，夏季空调负荷占比高，最大负荷出现在夏季；戊市地区受当地用电习惯影响，最大负荷基本出现在冬季；丁市地区用电负荷较为特殊，受人口流动影响大，最大负荷出现在春节期间。

从月负荷特性来看，三市的月平均负荷率和月最小负荷率曲线都呈现“凸”字形，而月最大日峰谷差率曲线均呈现“凹”字形。丁市地区工业用电占比最低仅37%，负荷波动最大，月平均日负荷率、月最小负荷率要低于乙市和戊市；乙市地区工业用电占比虽然仅39%，但乙市聚集了一批装备制造业为代表的工业企业，用电负荷的波动幅度居中；戊市地区工业用电占比达到66%，月平均日负荷率最大。

从日负荷特性来看，三市的夏、冬两季典型日负荷曲线都存在明显的高峰和低谷时段，午高峰一般出现12:00左右，晚高峰一般出现在18:00～20:00，而用电低谷时段一般出现在凌晨5:00左右。

总的来看，三市用电负荷都呈上升趋势，乙市增速最快，丁市受人口流动影响最大负荷在春节，戊市冬季负荷高。月负荷曲线呈“凸”形，丁市负荷波动最大，乙市居中，戊市工业用电占比高。日负荷均有明显峰谷时段。

第4章 电力负荷特性变化的影响因素

负荷特性指标受外界诸多因素的影响，分析这些因素对负荷特性指标的影响规律，有利于提升负荷预测准确率。本章综合上一章的负荷特性分析结果，进一步结合宏观经济、气温、节假日、电价政策、新能源发展和突发事件等关键因素，开展各类因素变化对负荷特性指标的影响分析，为后续电力需求预测打下基础[5,6]。

4.1 负荷特性的主要影响因素

（1）宏观经济的影响

在影响负荷特性变化的宏观因素中，经济发展水平提升和经济结构调整将带动电力消费水平增长和电力消费结构变化，进而也会对电网负荷特性产生一定影响。一是经济发展水平提升带动电气化率增长，负荷总量也越大。二是经济结构调整对负荷特性的影响也较大。工业发展促进负荷增长，同时工业在经济结构中占比越高，负荷率水平越高，峰谷差率减小。服务业发展也会促进负荷的增长，服务业在经济结构中占比越高，负荷率水平会降低，峰谷差率拉大。三是地区经济发展情况存在差异，因此负荷特性变化规律也不同，负荷特性分析还需考虑不同地区实际情况[7]。

（2）气候变化的影响

负荷受温度变化影响较大，降温负荷和采暖负荷对温度具有较高敏感度。夏季负荷与温度一般呈同向性变化，温度降低，负荷也随之降低，反之则升高；冬季负荷与温度一般呈反向性变化，温度降低，负荷升高，反之则降低。同理，降雨对负荷的影响也较为明显，但是，降雨对负荷的累积效应是逐渐显现的，所以负荷的变化具有一定时滞性[7,8]。

（3）节假日对负荷特性的影响

大量统计数据显示，负荷特性在节假日和正常日有所差异，一方面表现在负荷曲线形状不同，另一方面表现在负荷水平的差距。出现此现象的原因是节假日期间电力负荷的构成成分发生了一些变化。一般情况下，第二产业相较于其他产业，其耗电量是最大的。所以工业分布越密集的地区，通常其负荷水平也越高。而在节假日期间，工业生产用电负荷减少，导致负荷水平相较正常日有一定程度的减小，且呈现法定节假日当天负荷水平最低的现象。剩余不停产的工业生产用电负荷、有所增长的商业负荷与居民负荷共同组成了节假日负荷[9]。

基于对多地区电力数据的统计分析，节假日与正常日负荷特性差异主要体现在负荷曲线形态和负荷规模两方面。从负荷构成角度看，第二产业作为最大电能消耗部门，其生产强度直接影响区域负荷水平。节假日期间工业用电负荷显著降低，特别是法定节假日当天达到最低值，此时电网负荷主要由维持性工业生产、商业及居民生活用电共同构成，形成节假日特有的负荷曲线特征。

(4) 电价政策的影响

电价政策的影响主要从两方面来看，一是大工业、一般工商业峰谷分时电价政策峰谷分时电价价差越大，年平均峰谷差率越小，年负荷率则越高，电网的负荷特性指标改善效果越好。二是居民生活用电实行阶梯电价政策，阶梯电价的推行在一定程度上有利于促进居民节约用电，对负荷特性具有改善作用[10]。

(5) 光伏储能电源的影响

光伏储能电源对电网负荷特性的影响主要体现在以下方面：首先，通过储能系统储存光伏发电盈余并适时释放，有效平抑光伏发电固有的波动性。由于光照强度和气象条件直接影响光伏出力，配置储能装置可降低负荷曲线波动幅度，提升供电稳定性。其次，储能系统具备双向调节能力，在负荷高峰时段放电补充电网缺口，低谷时段充电储存富余电能，实现电力供需的时移调节。此外，通过接入能源管理系统，能够实时协同光伏出力、储能状态与负荷需求，优化电力资源配置效率。最具经济效益的是其削峰填谷功能，通过存储谷电替代部分峰时供电，显著降低电网峰谷负荷差，减轻传统调峰机组压力，提升系统运行经济性。

(6) 突发事件的影响

自然灾害(如洪水、地震、新冠疫情等)和国际形势变化对电力负荷特性都有影响。如在疫情期间，受疫情防控措施影响，民众的出行和消费活动减少，交通运输业、住宿和餐饮业、房地产业等服务业均受到较大冲击，第三产业用电量明显降低。国际形势变化会导致国内部分产业的供销链发生变化，从而影响部分企业的生产，进而造成用电负荷变化。

4.2 宏观经济对负荷特性的影响

宏观经济与电力需求的关联性主要体现在动态响应机制上。作为核心经济指标，GDP 增速与用电量增速呈现 0.9～1.1 的弹性系数，表明两者具有强相关性。

4.2.1 经济发展水平对用电需求的影响

根据甲省统计局发布的地区生产总值统一核算结果，2022 年地区生产总值为 48 670.4 亿元，比上年增长 4.5%，高于全国平均水平。其中，第一产业增加值 4 602.7 亿元，增长 3.6%；第二产业增加值 19 182.6 亿元，增长 6.1%；第三产业增加值 24 885.1 亿元，增长 3.5%。人均地区生产总值 73 598 元，增长 4.8%。三次产业结构为 9.5∶39.4∶51.1。工业增加值比上年增长 6.4%，占地区生产总值的比重为 30.9%；高新技术产业增加值增长 12.7%，占地区生产总值的比重为 24.4%；战略性新兴产业增加值增长 7.5%，占地区生产总值的比重为 10.5%。第一、二、三产业增加值对经济增长的贡献率分别为 8.2%、51.3%和 40.5%。其中，工业对经济增长的贡献率为 42.6%，生产性服务业对经济增长的贡献率为 23.4%，在近五年来甲省经济发展仍然保持着中高速增长，地区生产总值 GDP（Gross domestic product）从 2017 年的 34 590.6 亿元增至 2022 年的 48 670.4 亿元，GDP 年均上升 7.1%。2017—2022 年，甲省用电需求与 GDP 的关系如图 4-2-1 所示。

经济发展水平变化 GDP 与全社会用电量的相关系数为 0.99，可以认为甲省用电需求与 GDP 之间呈现强烈正相关的关系。同时，对甲省 GDP 总量与全社会用电量之间进行回归分析可得，GDP 总量每增加 1 000 亿元，全社会用电量增加 46.4 亿 kW·h。

4.2.2 经济结构调整对负荷特性的影响

2017—2022 年期间甲省 GDP 的产业结构和用电结构情况见表 4-2-1。2017 年以来甲省的国民经济结构和用电结构处于不断调整之中，其主要表现为：

一是甲省第一产业占 GDP 比重一直处于下降态势，2017—2022 年期间平均每年下降 0.25%，而第一产业用电比重却小幅增长。这是由于农、林、牧、渔业等行业生产技术水平的提高，自动化生产的普及使得第一产业用电量增长迅速，且其速度快于第一产业经济增长速度。

二是 2017 年以来甲省第二产业占 GDP 比重有所下降，2017—2022 年期间平均每

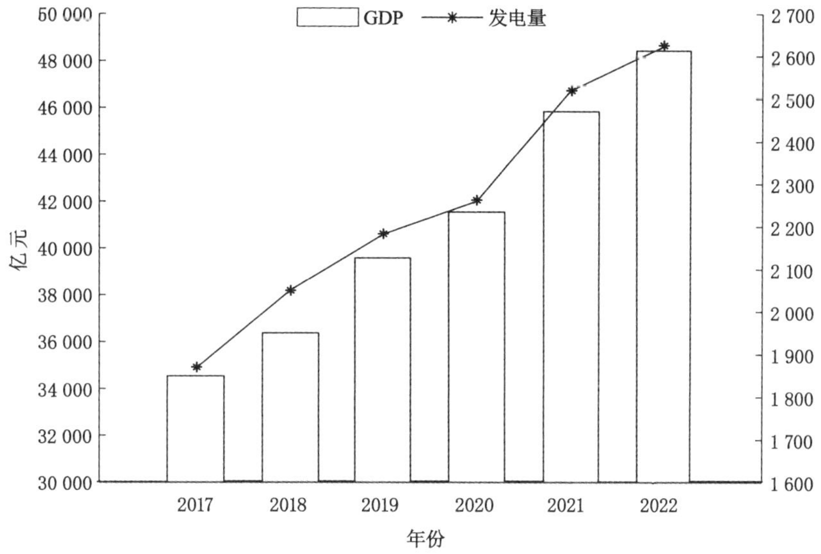

图 4-2-1　甲省用电需求和 GDP 关系

年下降 0.3%，同时第二产业用电比重也呈逐年下降态势，2017—2022 年期间第二产业用电比重年均下降 1.2%。“十三五”期间，制造业开足马力、加速转型升级，传统高耗能行业逐渐退出，先进制造业快速发展，因此第二产业以 4.9% 的用电增速支撑了 7.1% 的经济增长。

三是 2017—2019 年期间甲省第三产业占 GDP 比重处于快速上升趋势，平均每年上升 2.4%。而 2019—2022 年期间由于新冠疫情的暴发对第三产业造成了巨大的冲击，导致平均每年下降 0.7%。2017—2022 年期间甲省三产业用电比重平均每年上升 0.55%。

表 4-2-1　2017—2022 年甲省电量情况统计表

项目	年份					
	2017 年	2018 年	2019 年	2020 年	2021 年	2022 年
第一产业占比	10.70%	8.50%	9.20%	10.20%	9.40%	9.46%
第二产业占比	40.90%	39.70%	37.60%	38.10%	39.30%	39.41%
第三产业占比	48.40%	51.80%	53.20%	51.70%	51.30%	51.13%
年负荷率	0.567	0.583	0.612	0.582	0.600	0.575
季不均衡系数	0.790	0.812	0.850	0.794	0.820	0.768
年平均日负荷率	0.822	0.824	0.832	0.827	0.838	0.845
年平均峰谷差率	0.368	0.363	0.370	0.368	0.341	0.327
年最大峰谷差率	0.567	0.540	0.577	0.596	0.527	0.538

采用相关性计算研究甲省经济结构调整对负荷特性指标的影响[11]，分别分析一产、二产、三产的 GDP 占比和负荷特性指标之间的关系，其结果见表 4-2-2。

表 4-2-2　2017—2022 年三次产业经济结构与负荷特性指标

项目	年负荷率	季不均衡系数	年平均日负荷率	年平均峰谷差率	年最大峰谷差率
第一产业	−0.492	−0.424	−0.243	0.205	0.521
第二产业	−0.734	−0.527	−0.236	−0.183	−0.465
第三产业	0.790	0.602	0.295	0.036	0.092

由于影响负荷特性变化的因素较多，相关系数达到 0.6 以上往往被认为有相关性。由计算结果可知，甲省经济结构与负荷特性指标之间的相关性有如下特点：

一是第二产业和第三产业的 GDP 比重对年负荷率有所影响，其中影响最大的是第三产业占甲省 GDP 的比重。第三产业的 GDP 比重越大，则甲省年负荷率越高，二者之间的相关系数为 0.790。对 2017 年到 2022 年第三产业 GDP 和年负荷率回归分析可知，第三产业占比每增长 1%，则甲省年负荷率将增加 0.002。

二是季不均衡系数只与第三产业 GDP 比重有相关性，二者之间相关系数为 0.602。对 2017 年到 2022 年第三产业占比与季不均衡系数进行回归分析可知，第三产业占比每增加 1%，季不均衡系数数值上升 0.003。

三是年平均日负荷率、年平均峰谷差率和年最大峰谷差率受三次产业 GDP 比重影响较小，其相关系数都在 0.6 以下，相关性较弱。

4.3　气温对负荷特性的影响

甲省位于长江中下游的南部，省内大部分地区属于中亚热带季风性湿润气候，南部和东北部分别兼有向南亚热带和北亚热带过渡的气候特征。全省的年平均气温在 16～18 ℃之间，冬季的 1 月份最冷，月平均气温一般为 4～7°C，省内北部地区比南部地区气温约低 3°C 左右；夏季的 7 月份最热，月平均气温一般为 27～30 ℃，省内东部地区比西部地区气温约高 3.5 ℃左右。全省的年平均降水量在 1 200～1 700 mm 之间，是全国多雨地区之一，4～9 月份降水量占全年 65%～70%左右。纵观甲省全年气候，可归纳其主要特征为气候温暖，四季分明；热量充足，雨水集中；春温多变，夏秋多旱；严寒期短，暑热期长。

4.3.1　气温对负荷特性的影响

温度与电力负荷的关联性呈现显著非线性特征，其作用机制通过特定温度阈值产生差异化影响。当气温低于临界值时，采暖负荷随温度下降呈现加速增长趋势；气温高于临界值时，降温负荷随温度上升产生倍增效应。在舒适温度区间内，温度变化对负荷的影响强度显著衰减。这种温度敏感性差异导致极端气候条件下负荷波动显著加剧，负荷预测偏差幅度明显高于常规气候时期。研究表明，温度阈值效应对负荷预测精度具有决定性作用，极端温度区间的微小偏差会引发显著的负荷预测误差。

(1) 甲省气温与负荷的相关性

2020 年和 2021 年夏季日最大负荷与日最高气温分别如图 4-3-1 和图 4-3-2 所示。2020 年和 2021 年冬季日最大负荷与日最高气温分别如图 4-3-3 和图 4-3-4 所示。

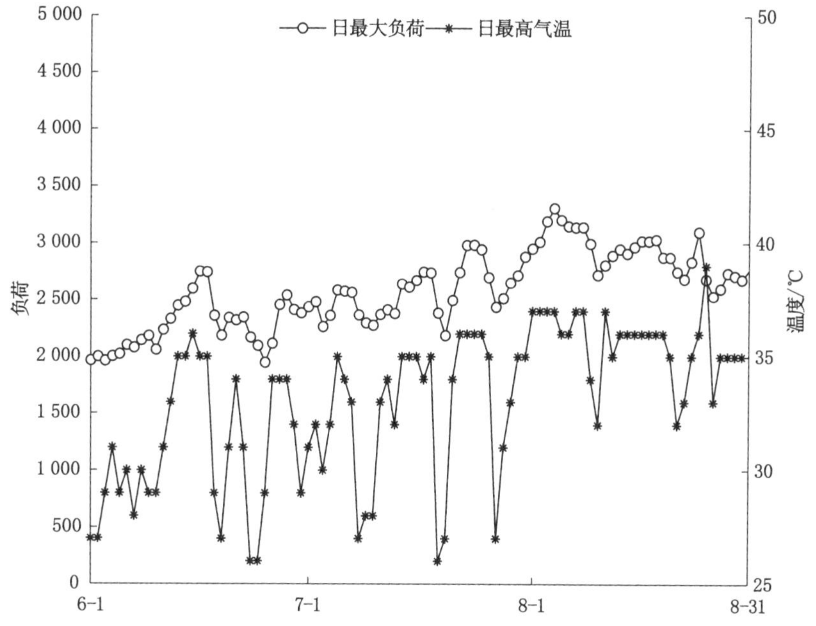

图 4-3-1　2020 年夏季日最大负荷与日最高气温

对甲省 2020—2021 年夏季、冬季工作日的日最大负荷与日最高、最低气温之间相关性进行计算，计算结果见表 4-3-1。由计算结果可知，甲省气温与负荷之间的相关性有如下特点：

一是夏季的日最大负荷与日最高气温之间存在正相关关系。夏季日最大负荷与日最高气温之间的相关系数为正，即用电负荷随着气温的升高趋于增大。2020 年和 2021 年夏季各月平均日高气温与平均日最大负荷相关系数在 0.66～0.87 之间。夏季气温越高，最

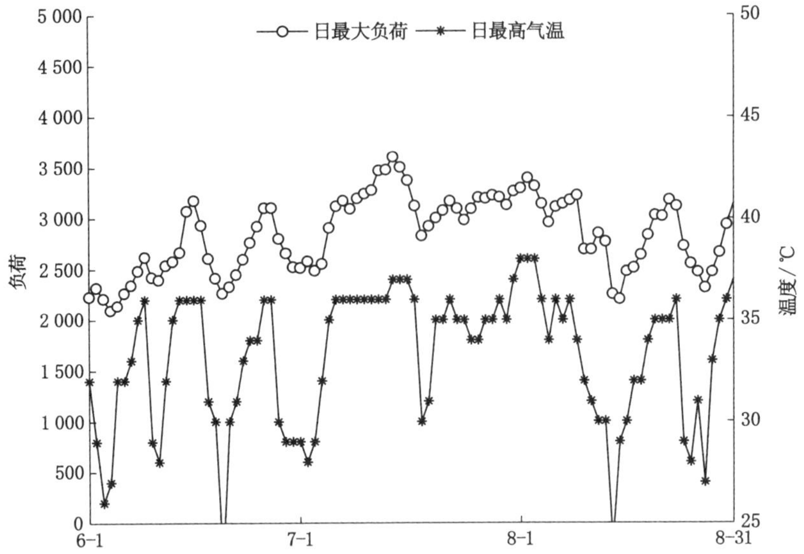

图 4-3-2　2021 年夏季日最大负荷与日最高气温

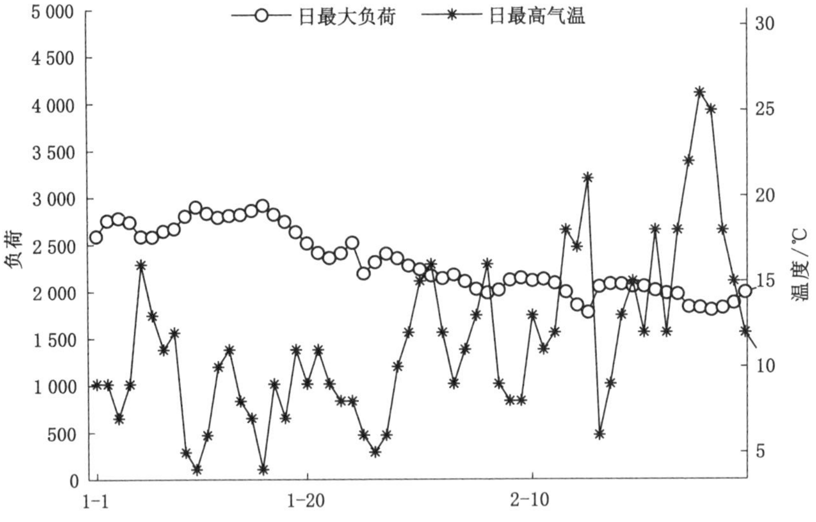

图 4-3-3　2020 年冬季日最大负荷与日最高气温

大负荷与最高气温的相关系数越大，即夏季负荷在高温天气对气温变化越敏感。

二是冬季的日最大负荷与日最低气温之间存在负相关关系。日最大负荷与日最低气温之间的相关系数为负，即用电负荷随着气温的降低趋于增大。2020 年和 2021 年冬季各月平均日高气温与平均日最大负荷相关系数在－0.49～－0.69 之间。冬季气温越低，最大负荷与最低气温的相关系数越小，即冬季负荷在低温天气对气温变化越敏感。

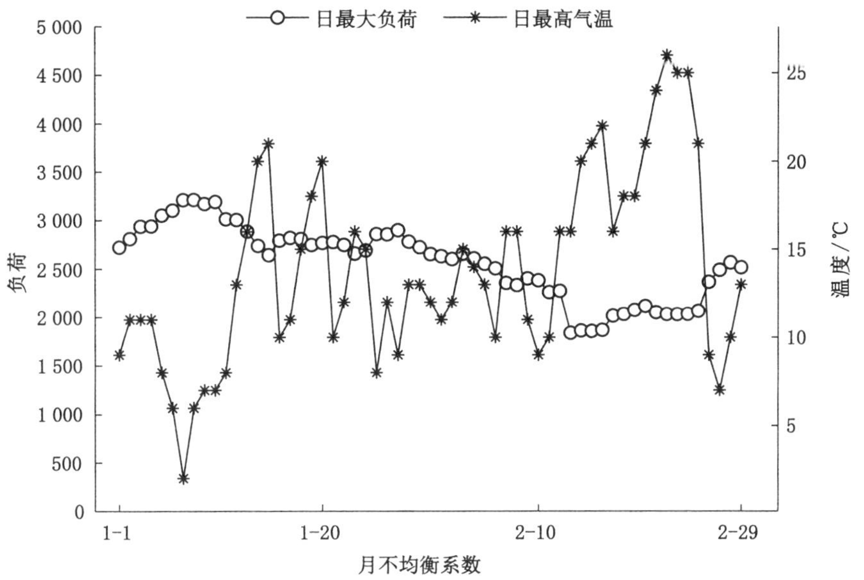

图 4-3-4　2021 年冬季日最大负荷与日最高气温

表 4-3-1　2020 和 2021 年冬季日最大负荷和日最低气温、夏季日最大负荷和日最高气温相关性

项目月份		月平均日最低/最高气温/℃	月平均日最大负荷/万 kW	相关系数
冬季	2020 年 1 月	3.5	3 113.35	−0.602
	2020 年 2 月	7.2	2 402.42	−0.689
	2021 年 1 月	2.2	3 439.33	−0.635
	2021 年 2 月	7.7	2 689.07	−0.493
夏季	2020 年 6 月	30.8	2 709.91	0.755
	2020 年 7 月	32.6	3 072.26	0.797
	2020 年 8 月	36.2	3 494.48	0.656
	2021 年 6 月	31.9	3 082.66	0.685
	2021 年 7 月	34.5	5 720.20	0.867
	2021 年 8 月	33.1	3419.70	0.861

三是冬季的负荷与气温之间的相关程度要弱于夏季。由于冬季采暖负荷在冬季最大负荷中所占比重(41%～49%)小于夏季降温负荷在夏季最大负荷中所占比重(夏季50%～55%),因此冬季日最大负荷与日最低气温之间相关系数的绝对值小于夏季日最大负荷与日最高气温之间相关系数。

(2) 甲省气温与空调负荷的相关性

2017—2021年甲省降温、采暖负荷情况如表4-3-2所示。经分析可知，甲省空调负荷具有以下特点：

一是降温负荷和采暖负荷整体呈上升趋势。其中降温负荷由2017年的1 757.35万kW增加至2021年的2 263.79万kW，年均增长6.5%，增长速度略低于夏季最大负荷增长速度8.1%；采暖负荷由2017年的1 214.11万kW增加值2021年的2 018.02万kW，年均增长13.5%，增速大于冬季最大负荷增速8.7%。

二是降温负荷占夏季最大负荷的比重基本保持在较高水平。2017—2021年以来采暖负荷占冬季最大负荷的比重已从41.1%上升至48.9%，均保持大于40%的较高水平。

三是采暖负荷的比重已经逐渐接近降温负荷的比重。夏冬季负荷整体都是在2 000～4 000万kW的范围内波动。随着甲省夏冬季负荷差距逐渐减小，整个电网用电负荷的气候敏感性越来越强。

表4-3-2　2017—2021年甲省电网降温、采暖负荷情况

年份项目	2017	2018	2019	2020	2021
降温负荷/万kW	1 757.35	1 669.13	1 810.04	2 020.13	2 263.79
夏季最大负荷/万kW	3 172.06	3 351.65	3 591.17	3 969.40	4 324.69
降温负荷占夏季最大负荷比重	55.40%	49.80%	50.40%	50.90%	52.30%
采暖负荷/万kW	1 214.11	1 632.43	1 604.53	1 638.31	2 018.02
冬季最大负荷/万kW	2 954.71	3 505.38	3 521.89	3 710.34	4 128.47
采暖负荷占冬季最大 负荷比重	41.1%	46.6%	45.6%	44.2%	48.9%

以2021年为例研究气温对采暖负荷和降温负荷的影响。夏季降温与冬季采暖日最大负荷和温度的散点图，采用回归方式进行曲线拟合，得两季日最大负荷与温度之间的数学关系式

$$y=-0.000\,042\,5x^4+0.085\,091x^3-1.819\,2x^2-45.24x+1\,455.4 \tag{4-3-1}$$

其中，x为温度；y为两季日最大负荷，如图4-3-5所示。经分析可知甲省空调负荷与气温的关系具有如下特点：

一是空调负荷与气温的相关关系非常明显。采暖负荷与冬季日平均温度相关系数为−0.743；降温负荷与夏季日平均温度相关系数为0.764。冬季随着气温降低，采暖负荷增加，当天气回暖，采暖负荷随之下降。夏季随着气温升高，降温负荷增大，当气温降低，降温负荷减小。

二是气温对空调负荷的影响曲线大致可以分为三段。$t<10$ ℃为第一阶段，10 ℃≤

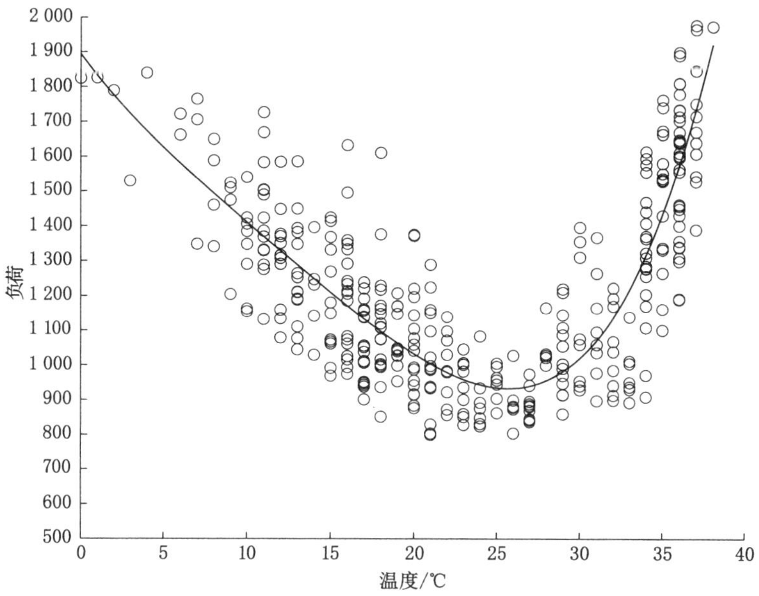

图 4-3-5　2021 年气温对采暖负荷和降温负荷的影响曲线

t≤25 ℃为第二阶段，t>25 ℃为第三阶段。第一阶段表现为冬季寒冷时期，当日平均气温下降到 10 ℃以下时，空调和其他采暖设备开始投用；随着平均气温不断下降，采暖负荷会迅速地增大；当平均气温降至 0 ℃附近，此时采暖需求对电力负荷的影响达到最大值 591.6 万 kW。根据拟合结果，当日平均气温在 5 ℃以下时，每降低 1 ℃采暖负荷约增加 62.4 万 kW，约占当年取暖负荷的 5%。第二阶段主要表现在：当日平均气温在 15～25 ℃时，气温比较适宜，气温每变化 1 ℃对用空调负荷的影响基本在 12 万 kW 以下。第三阶段表现在夏季天气炎热时期，当日平均气温上升到 25 ℃时，空调等降温设备开始投用；随着平均气温升高，降温负荷迅速增大；当平均气温达到 35 ℃左右，降温防暑产生的负荷已接近饱和。根据拟合结果，当日平均气温在 30 ℃以上时，每升高 1 ℃降温负荷约增大 91.2 万 kW，约占当年降温负荷的 5%；当日平均气温在 35 ℃以上时，每升高 1 ℃降温负荷约增大 168 万 kW，约占当年降温负荷的 9.5%。

4.3.2　夏季持续高温后降雨对负荷特性的影响

降雨对电力负荷的作用机制区别于温度影响的即时性，其效应通过温度调节间接显现并存在时滞特征。2017—2021 年期间夏季持续高温后降雨的日负荷及天气情况如表 4-3-3 至表 4-3-7 所示。由分析可知，夏季高温后的降雨将导致负荷下降 356.4～513.6 万 kW，约占当年夏季最大负荷的 8%～17%。这是由于在夏季持续性高温天气中，降水过程通过降低环境温度引发空调负荷陡降，同时激发水电资源丰富地区的小水电出力骤增，形成负荷需求下降与电源出力上升的叠加效应。这种双重波动导致电网净负荷在短时间内经历剧烈变化，显著增加电力平衡调节难度。

表 4-3-3　2017 年 8 月 5 日—8 月 9 日日负荷及天气情况

项目	日期				
	8 月 5 日	8 月 6 日	8 月 7 日	8 月 8 日	8 月 9 日
日最高温度/℃	37	38	39	38	28
天气	晴	晴	晴	多云	阵雨
日最高负荷/万 kW	2 836.85	3 041.16	3 172.06	3 009.22	2 495.42
负荷增加值/万 kW	/	204.31	130.90	−162.84	−513.79
日负荷率	0.863	0.829	0.854	0.886	0.911
日峰谷差/万 kW	884.50	1 089.40	1 093.40	841.66	571.16
日峰谷差率	0.312	0.358	0.280	0.314	0.229

表 4-3-4　2018 年 8 月 22 日—8 月 26 日日负荷及天气情况

项目	日期				
	8 月 22 日	8 月 23 日	8 月 24 日	8 月 25 日	8 月 26 日
日最高温度/℃	35	35	33	34	28
天气	晴	晴	多云	多云	阵雨
日最高负荷/万 kW	2 854.72	2 722.26	2 653.91	2 588.26	2 232.43
负荷增加值/万 kW	/	−132.46	−68.35	−65.65	−355.82
日负荷率	0.882	0.896	0.886	0.872	0.904
日峰谷差/万 kW	889.78	785.58	763.70	813.07	494.86
日峰谷差率	0.312	0.289	0.288	0.314	0.222

表 4-3-5　2019 年 6 月 25 日—6 月 29 日日负荷及天气情况

项目	日期				
	6 月 25 日	6 月 26 日	6 月 27 日	6 月 28 日	6 月 29 日
日最高温度/℃	30	33	33	36	29
天气	多云	多云	多云	多云	阵雨
日最高负荷/万 kW	2 335.31	2 468.34	2 714.39	2 865.47	2 379.22
负荷增加值/万 kW	/	133.03	246.05	151.08	−486.25

表4-3-5(续)

项目	日期				
	6 月 25 日	6 月 26 日	6 月 27 日	6 月 28 日	6 月 29 日
日负荷率	0.871	0.86	0.84	0.866	0.913
日峰谷差/万 kW	679.52	779.80	941.88	907.22	447.58
日峰谷差率	0.291	0.316	0.347	0.317	0.188

表 4-3-6　2020 年 8 月 6 日—8 月 10 日日负荷及天气情况

项目	日期				
	8 月 6 日	8 月 7 日	8 月 8 日	8 月 9 日	8 月 10 日
日最高负荷/万 kW	3 778.91	3 767.42	3 769.16	3 595.82	3 267.16
负荷增加值/万 kW	/	−11.48	1.74	−173.34	−328.67
日负荷率	0.882	0.881	0.871	0.9	0.911
日峰谷差/万 kW	1034.39	1035.98	1031.58	830.36	699.31
日峰谷差率	0.274	0.275	0.274	0.231	0.214

表 4-3-7　2021 年 7 月 14 日—7 月 18 日日负荷及天气情况

项目	日期				
	7 月 14 日	7 月 15 日	7 月 16 日	7 月 17 日	7 月 18 日
日最高温度/℃	37	37	37	36	30
天气	晴	晴	晴	多云	中雨
日最高负荷/万 kW	4 324.68	4 203.50	4 048.06	3 748.00	3 393.78
负荷增加值/万 kW	/	−121.18	−155.45	−300.06	−354.22
日负荷率	0.854	0.878	0.905	0.918	0.906
日峰谷差/万 kW	1 385.33	1 205.39	1 008.80	729.96	656.74
日峰谷差率	0.320	0.287	0.249	0.195	0.194

4.4　节假日对负荷特性的影响

（1）周末对用电负荷特性的影响

电力负荷在一周周期内呈现规律性波动，其本质源于社会生产生活节奏的周期性变化。在剔除气象干扰条件下，工作日与周末负荷曲线呈现显著差异化特征：工作日负荷形态受工业生产、商业运营等刚性用电需求主导，形成典型双峰曲线；周末负荷则因生产活动减弱、生活用电占比提升，整体负荷水平下降且峰谷特征弱化。通过选取气象参数稳定周期内的负荷特征参数进行对比，可清晰识别负荷周期性变异规律，其中日最大负荷差率、日均负荷率等关键指标的工作日-周末差异度可达15%～20%，揭示出社会经济活动周期对电力需求的深层调控机制。

2021年4月26日(星期一)到5月2日(星期日)，甲省每日的负荷特性指标如表4-4-1、图4-4-1和图4-4-2所示，周末对负荷特性的影响主要有：

一是周末大工业用电占比大幅度减少，居民和工商业用电占比有所上升。甲省春季周末与周中工作日相比，大工业用电占比下降3%左右，工商业和居民生活用电占比分别提升2%和1%左右。这是由于周末大部分工厂放假，大工业用电负荷大幅度减少，民众周末居家时间增加，导致居民和工商业用电有所上升。

二是周末休息日的最大负荷、平均负荷、最小负荷较工作日偏低。甲省春季周末与周中工作日相比，最大负荷和平均负荷分别下降5%和10%左右。其最大负荷、平均负荷、最小负荷都呈现下降趋势，造成这种现象的主要原因是由于周末放假，企业生产活动用电负荷有所下降，因此整体负荷水平会呈现下降的趋势。

三是周末休息日的负荷率和最小负荷率较周中工作日有所下降。甲省春季周末与周中工作日相比，日负荷率下降5%左右，平均峰谷差率提升8%左右。这是因为周末负荷率较高的大工业用电负荷比重下降，负荷率较低的一般工商业和居民用电负荷比重上升所致。

表4-4-1　2021年4月26日—5月2日甲省每日负荷特性指标变化

指标	周一	周二	周三	周四	周五	周六	周日
大工业比例	0.476	0.466	0.469	0.471	0.477	0.440	0.446
居民比例	0.311	0.316	0.313	0.310	0.304	0.328	0.316
工商业比例	0.213	0.218	0.218	0.219	0.219	0.232	0.238
最小负荷/万kW	1 655.64	1 625.04	1 629.24	1 618.2	1 619.88	1 537.8	1 505.88
最大负荷/万kW	2 526.48	2 539.08	2 529.96	2 547.6	2 439.84	2 392.32	2 533.56
平均负荷/万kW	2 154.96	2 146.32	2 127.12	2 102.16	2 072.52	1 930.8	2 023.32
日峰谷差/万kW	870.96	914.04	900.6	929.4	820.08	854.52	1 027.68
日峰谷差率	0.345	0.36	0.356	0.365	0.336	0.357	0.406
日负荷率	0.853	0.845	0.841	0.825	0.849	0.807	0.799
最小负荷率	0.655	0.64	0.644	0.635	0.664	0.643	0.594

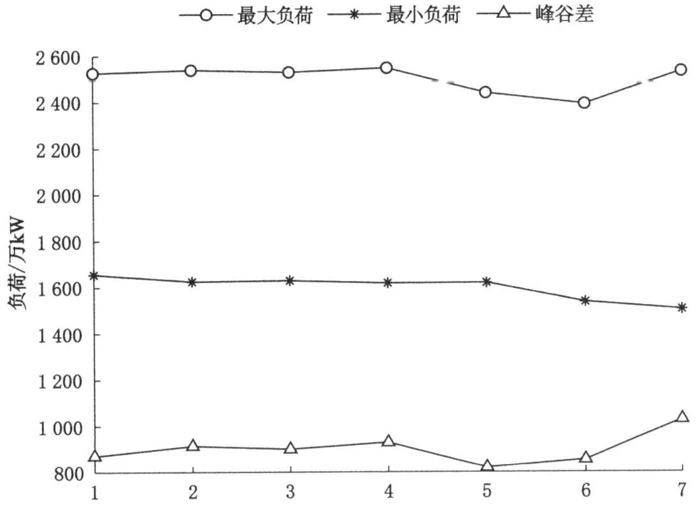

图 4-4-1　2021 年 4 月 26 日—5 月 2 日甲省每日最大负荷、最小负荷以及峰谷差变化情况

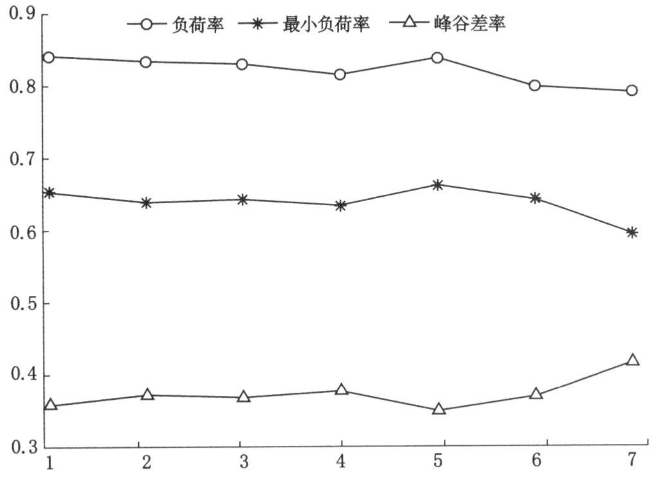

图 4-4-2　2021 年 4 月 26 日—5 月 2 日甲省每日负荷率、最小负荷率以及峰谷差率变化情况

(2) 节假日对用电负荷特性的影响[12]

2021 年甲省各法定节假日前后负荷特性指标变化如表 4-4-2 所示。经过对比分析可知，节假日对负荷特性的影响主要有：

一是节假日期间用电负荷水平会大幅度降低。2021 年节假日用电负荷变化呈现显著差异。除国庆节外，春节、清明等传统假期期间的最大负荷、最小负荷及平均负荷均低于节后水平。这一现象源于企业集中停工放假，导致工业与商业用电量下降 5%～10%，例如制造业聚集区日间负荷率跌幅可达 30%，商业区用电量较正常周末减少超 10%。负荷水平通常在节后 1～2 个工作日内逐步恢复至常态。国庆节期间出现反常情况:尽管企业维持放假状态,但持续 35 ℃以上的极端高温刺激居民空调负荷激增,抵消了工商业用电下降的影响。居民降温负荷占比从常规 15%骤升至 35%,部分区域午间负荷峰值甚至逼近工作日水平,形成“假期用电高峰”。直至国庆结束后气温骤降,负荷曲线才回归“节后低于节日”的正常形态。

二是节假日期间大工业用电占比降低,日负荷率下降。 节假日期间电力负荷结构呈现显著变化特征:由于工业企业普遍停工,大工业用电负荷占比下降 1%—3%,同时日负荷率较工作日降低约 4%。这一现象源于工业生产的周期性中断,制造业企业集中休假期间,其稳定连续的生产用电需求暂时消退,而居民生活用电(如家庭空调、照明)和一般商业用电(如餐饮、零售)的相对占比随之上升。如表 4-4-2 的 2021 年数据显示,节假日下午时段(传统工业用电高峰)的负荷曲线明显趋缓,峰谷差值收窄,这与工业设备停机导致的基荷削减直接相关。该变化机制与国庆假期的特殊案例形成对比:2021 年国庆期间虽受高温天气推高居民用电,但大工业负荷的缺失仍使整体工业用电占比保持低位。这表明即便在居民负荷异常波动时,工业部门的“用电真空”仍是塑造节假日负荷形态的基础性因素。

表 4-4-2　2021 年甲省各节假日前后负荷特性指标变化

指标	元旦	元旦后	春节	春节后
大工业比例	0.298	0.304	0.229	0.261
居民比例	0.474	0.446	0.594	0.530
一般工商业比例	0.228	0.250	0.177	0.209
最小负荷/万 kW	1 940.4	2 142.72	1 263.24	1 380
最大负荷/万 kW	3 388.56	3 724.68	2 356.8	2 513.88
平均负荷/万 kW	2 744.16	3 080.16	1 806.24	1 941.96
峰谷差/万 kW	1 448.16	1 581.96	1 093.56	1 134
峰谷差率	0.427	0.425	0.464	0.451
负荷率	0.810	0.827	0.766	0.772
最小负荷率	0.573	0.575	0.536	0.549
指标	清明节	清明节后	劳动节	劳动节后
大工业比例	0.356	0.376	0.407	0.423
居民比例	0.431	0.397	0.364	0.345
一般工商业比例	0.213	0.227	0.229	0.232
最小负荷/万 kW	1 404.1	1 496.2	1 311.9	1 398.6
最大负荷/万 kW	2 290.1	2 351.3	2 036.1	2 070.6
平均负荷/万 kW	1 882.7	1 978.8	1 688.2	1 779.7
峰谷差/万 kW	886.0	855.1	724.2	672.0
峰谷差率	0.387	0.364	0.356	0.325

表4-4-2(续)

指标	元旦	元旦后	春节	春节后
负荷率	0.822	0.842	0.829	0.860
最小负荷率	0.613	0.636	0.644	0.675
指标	端午节	端午节后	国庆节	国庆节后
大工业比例	0.324	0.335	0.316	0.452
居民比例	0.436	0.409	0.417	0.336
一般工商业比例	0.239	0.256	0.268	0.212
最小负荷/万 kW	1 762.2	2 101.8	1 840.3	1 642.0
最大负荷/万 kW	2 595.6	2 947.7	2 604.2	2 271.1
平均负荷/万 kW	2 164.7	2 554.5	2 239.1	1 980.4
峰谷差/万 kW	833.4	845.8	763.9	629.4
峰谷差率	0.321	0.287	0.293	0.277
负荷率	0.834	0.867	0.860	0.872

4.5　电价政策对负荷特性的影响

甲省从 1995 年起开始试行峰谷分时电价，后经历多次调整，最近一次修改时间为 2021 年 12 月 1 日。2005—2006 年期间甲省尖、峰、平、谷四个时段的电价比例为 1.9∶1.35∶1∶0.4，2007—2010 年调整为 1.8∶1.34∶1∶0.45。2011—2018 年尖峰、高峰电价在平段电价基础上每千瓦时分别提高 0.25 元、0.15 元，低谷降低 0.20 元。

2021 年将高峰、平段、低谷电价比调整为 1.6∶1∶0.4，2021 年 12 月起全年峰谷时段按每日 24 h 分为高峰、平段、低谷三段各 8 h，具体时段划分如下：高峰时段为 11:00～14:00、18:00～23:00；平段：7:00～11:00、14:00～18:00；低谷：23:00～次日 7:00。同时实行季节性尖峰政策，在每年的冬夏时期每日 18:00～22:00 的用电价格在高峰电价基础上上升 20%。

2021—2022 年 12 月份甲省负荷指标如表 4-5-1 所示，2021、2022 年剔除负荷自然增长后甲省电网负荷曲线如图 4-5-1 所示，2021、2022 年执行尖峰电价月份甲省电网平均日负荷曲线如图 4-5-2 所示。经分析可知，新分时电价政策的实行对甲省用电负荷特性影响如下：

一是新分时电价执行后甲省电网负荷特性指标有所改善。2022 年甲省电网年平均日负荷率为 0.842，较上年同期增长 1.02%，年平均峰谷差率为 0.359，较上年同期下降 4.52%。新分时电价优化了原政策的时段划分，拉大了工商业电价峰谷价差，有效改善了甲省电网负荷特性指标。

二是新分时电价政策填谷效果显著。从谷段负荷水平来看,2022 年谷段日平均负荷为 1 932.24 万 kW,剔除负荷自然增长影响(按电量增速同步缩小负荷),同比增长 1.71%。从谷段负荷曲线来看,剔除负荷自然增长后,2022 年和谷段负荷曲线明显高于 2021 年,特别是在 5:00 左右,填谷效果最为明显。

三是尖峰时段负荷有所下降,但削峰效果不明显。新分时电价政策将每年 1、12 月和 7、8、9 月的每日 18:00 至 22:00(4 h)由高峰时段调整为尖峰时段,尖峰电价以高峰电价为基础上浮 20%。从尖峰负荷水平看,剔除负荷自然增长影响后,2022 年、2023 年尖峰电价执行时段,平均负荷较 2021 年分别下降 0.11%、0.71%,说明尖峰时段的划分在一定程度上发挥了削峰作用。从尖峰负荷曲线看,2022 年负荷从 18:00 开始出现下降,直至 19:30 回升;而 2021 年尖峰电价执行前,负荷一般在 18:00 就开始上升。由此可见,尖峰电价的实施,引导部分用户在尖峰时段调整用电习惯。

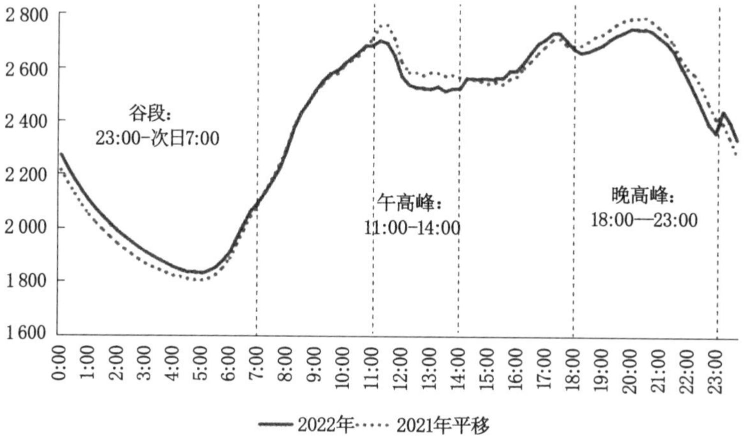

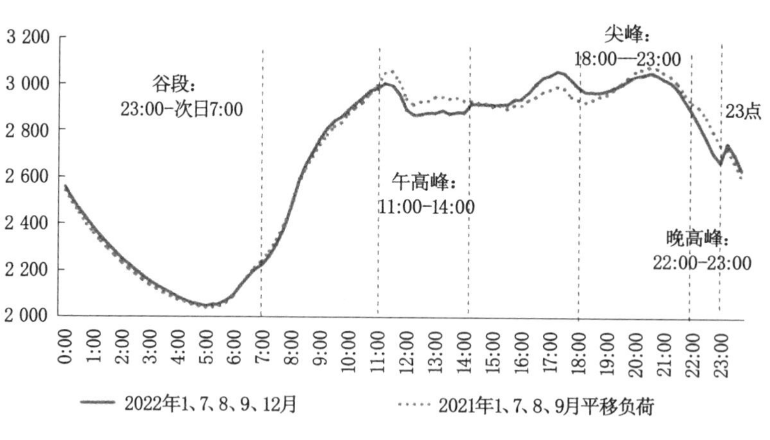

图 4-5-2　2021 年、2022 年执行尖峰电价月份甲省电网平均日负荷曲线

表 4-5-1　2020—2021 年 12 月份甲省负荷指标

行业	年份	年平均日负荷率	年平均峰谷差率
甲省电网	2021 年	0.833 9	0.375 5
	2022 年	0.842 4	0.358 5
	同比增速	1.02%	−4.52%
大工业	2021 年	0.893 4	0.228 2
	2022 年	0.873	0.280 2
	同比增速	−2.28%	22.78%
一般工商业	2021 年	74.33%	57.20%
	2022 年	74.71%	56.36%
	同比增速	0.52%	−1.47%

4.6　光伏、储能电源对负荷特性的影响

（1）分布式光伏电源对负荷特性的影响

截至 2022 年底，甲省并网光伏电站总装机规模达 635.9 万 kW，其中集中式光伏装机 328.9 万 kW，分布式光伏装机容量 307 万 kW。2022 年甲省四季典型日分布式光伏出力如图 4-6-1 所示。由分析可知，甲省光伏电源出力有如下特点：

一是光伏电源出力周期性明显。甲省光伏电源出力一般在白天逐渐上升至最高点后又逐渐下降，在夜间出力降为零，其功率峰值一般处于日照最强点，约在 11:00～13:00 点间。

二是光伏电源季节周期变化明显。总体来看，夏秋季节出力率高于春冬季节，且出力持续时间较春冬季长。另外，不同季节条件下，光伏最大出力的发生时刻也不同，夏秋季主要出现在 12:00～13:00，春冬季主要出现在 11:00～12:00。

根据甲省电网调度负荷数据和分布式光伏电源出力数据，可以得到剔除分布式光伏电源出力后的等效负荷曲线。2022 年甲省各季节典型日负荷和等效负荷曲线如图 4-6-2 所示。分析可知，由于分布式光伏电源出力对午高峰等效负荷起到了一定的削峰作用，且夏秋季午高峰削峰作用明显高于春冬季。由于夏秋季节光伏出力持续时间较长，且午高峰用电负荷与光伏出力最大时段重叠，因此夏秋季午高峰削峰作用更为明显。未来随着分布式光伏电源的增长，分布式光伏电源出力对午高峰的削峰作用将更加明显，午间等效负荷大幅降低，等效负荷曲线有可能变成两头高中间低的“鸭子形曲线”。

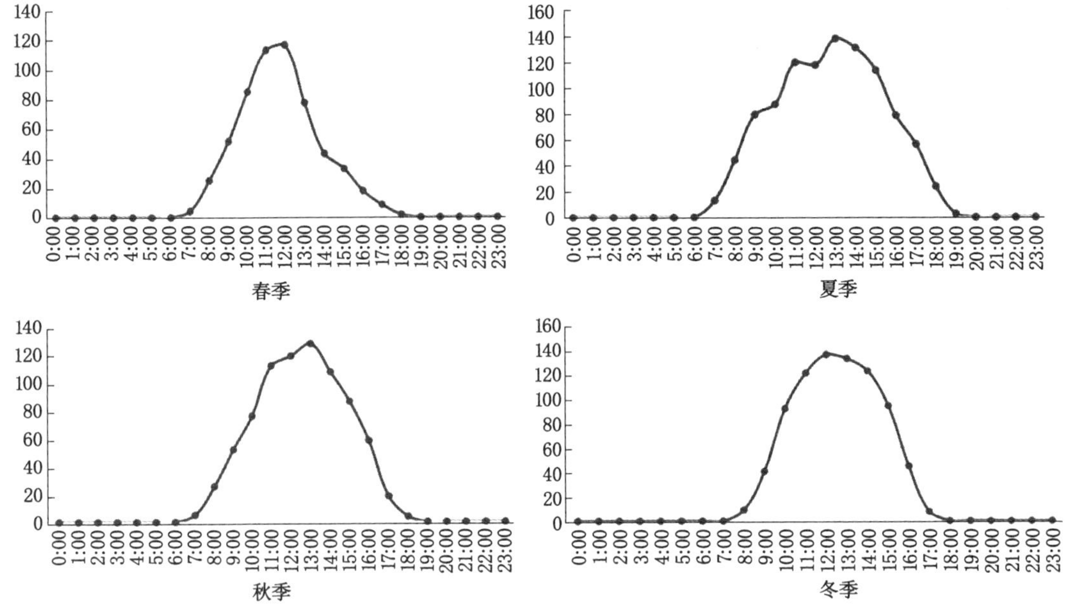

图 4-6-1　2022 年甲省四季典型日分布式光伏出力(单位:万 kW)

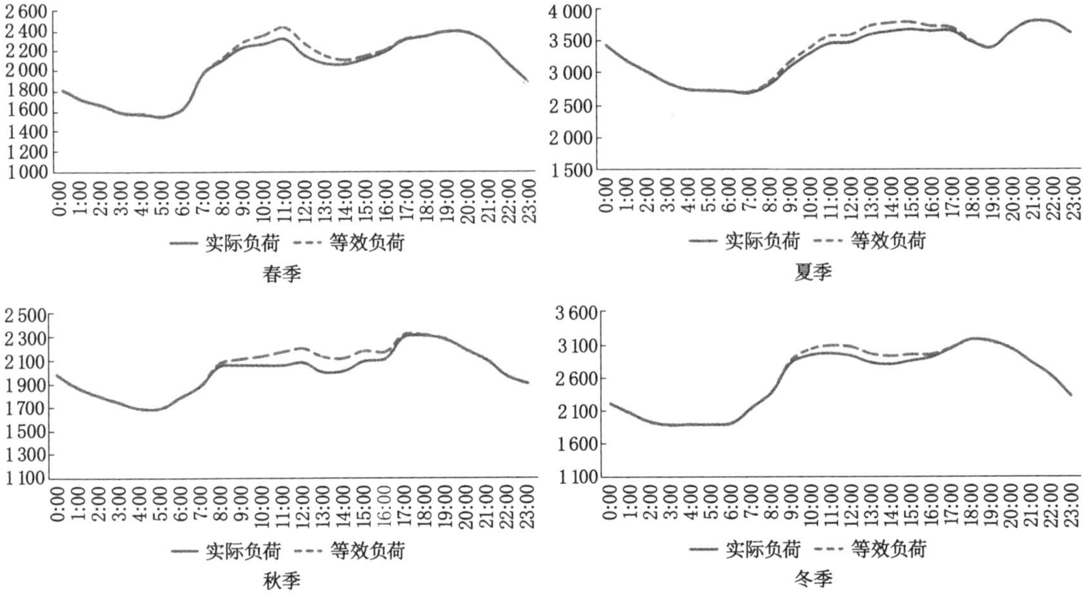

图 4-6-2　2022 年四季典型日分布式光伏出力对甲省电网日负荷曲线的影响(单位:万 kW)

(2) 储能电源对负荷特性的影响

甲省最大的储能电源为黑麋峰抽水蓄能电站,以下将结合甲省 A 市抽水蓄能电站分析储能电源对电网负荷特性的影响。A 市抽水蓄能电站,装机容量为 120 万 kW,

2022 年 A 地区电站在四季典型日发电和出力情况如图 4-6-3 所示，其抽水负荷和发电出力有如下特点：

一是抽水和发电时间规律性明显。某市抽水蓄能电站抽水时间一般在凌晨 1:00～6:00，发电时间一般在午高峰 11:00～13:00 和晚高峰 18:00～22:00 期间。

二是季节变化明显。2022 年各季节典型日某市抽水蓄能电站出力情况见表 4-6-1。2022 年 A 地区发电最大出力出现在冬季，出力率达到 93.3%，最小出力在春季出力率为 23.3%。总体来看，夏冬高峰负荷期间电站抽水负荷和发电出力均较高，而春秋时期，由于负荷水平总体偏低，电站抽水负荷和发电出力相对较低。

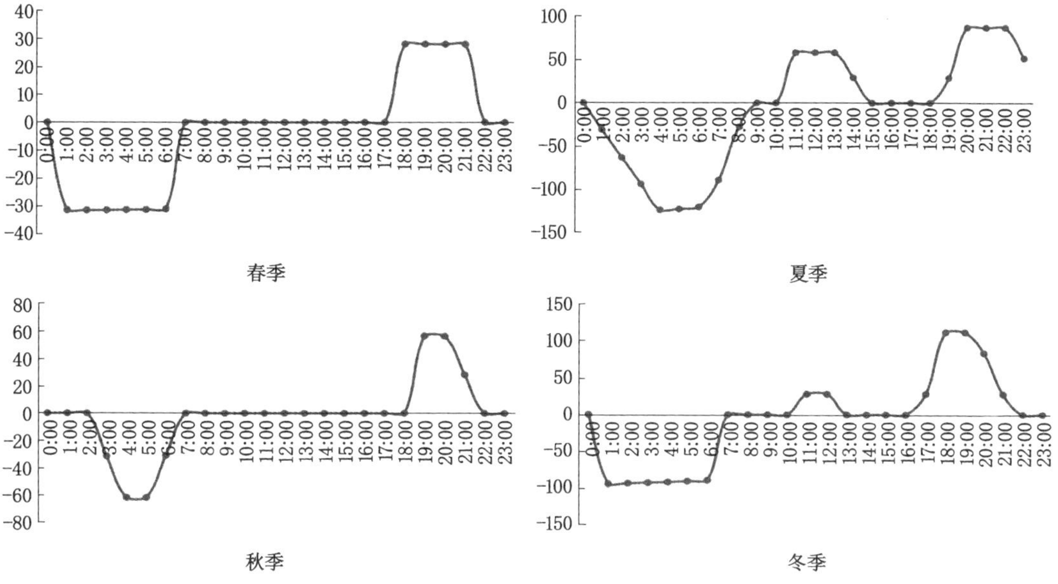

图 4-6-3　2022 年不同季节某市抽水蓄能电站典型日发电和出力情况（单位：万 kW）

表 4-6-1　2022 年各典型日某市抽水蓄能电站出力情况

季节	日期	装机容量/万 kW	当日最大出力/万 kW	出力率
春季典型日	2022 年 4 月 11 日	120	27.9	23.3%
夏季典型日	2022 年 7 月 26 日	120	87.3	72.8%
秋季典型日	2022 年 10 月 13 日	120	56.4	47.0%
冬季典型日	2018 年 12 月 31 日	120	111.9	93.3%

根据甲省电网调度负荷数据和抽蓄电源出力数据，可以得到剔除储能电源出力后

的等效负荷曲线。2022 年甲省各季节典型日负荷和剔除储能电源后的等效负荷曲线如图 4-6-4 所示。如果没有某市抽水蓄能电站，2022 年春夏秋冬各季度典型日全省峰谷差率将分别上升 5.6%、11.9%、11.1%和 10.7%，日负荷率将分别下降 1.3%、2.5%、1.0%和 3.8%。分析可知，储能电站对电网起到了明显的“削峰填谷”和优化电网负荷特性的作用。

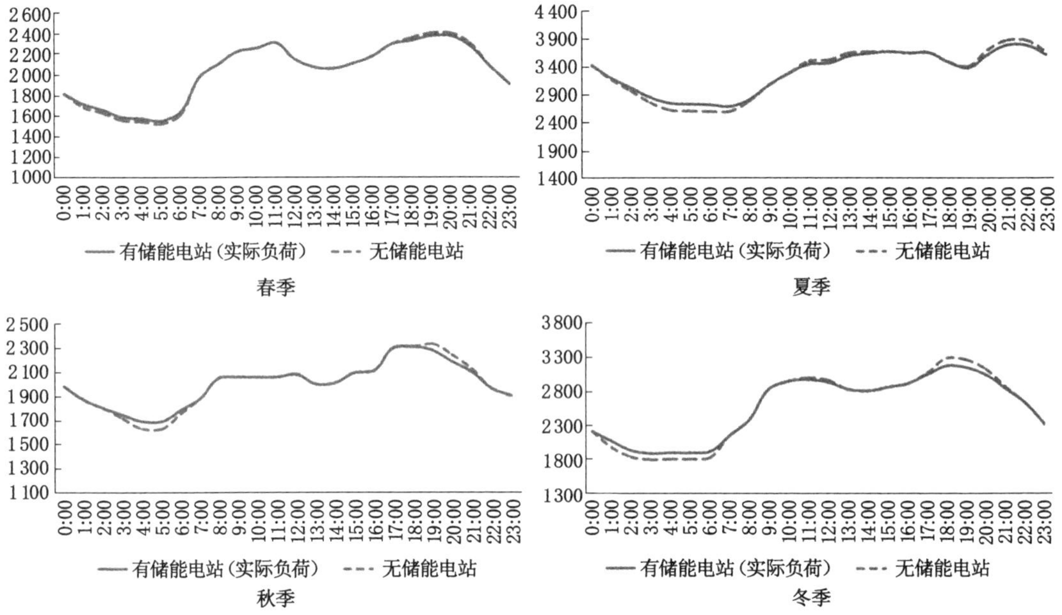

图 4-6-4　2022 年不同季节典型日储能电源对甲省电网日负荷曲线的影响（单位：万 kW）

4.7　突发事件对负荷特性的影响

4.7.1　新冠疫情对负荷特性的影响

受新冠疫情影响，2020 年甲省全社会用电量为 1 550.76 亿 kW·h，同比增长 3.5%，增速较上年下降 3.3%。其中第一产业用电量受到的影响相对较小，6 月份累计用电量恢复正增长，全年用电量同比增长 5.7% ，增速较上年仅下降 3.4%。第二产业受益于节后积极复工复产政策和海外疫情暴发导致部分订单转移至国内，制造业用电增速显著提升，四大高耗能产业增长稳定，通用、专业设备制造业及计算机等高技术装备制造业用电量均实现显著增长，全年用电量同比增长 4.3%，增速较上年同期提高了

1.0%。疫情初期，受疫情防控的隔离措施影响，民众出行和消费活动一直处于较低水平，运输业、住宿业、房地产业等服务业受到较大冲击；疫情得到有效控制后，虽部分服务业有所回暖，但人们对收入预期普遍持不乐观态度，消费欲望下降，导致第三产业恢复周期拉长，全年第三产业用电量同比下降 0.5%，增速较上年同期减少 11.7%，其中铁路运输业和住宿餐饮业用电量降幅较大，同比分别下降 5.9%和 8.4%。

甲省新冠疫情爆发前的 2019 年 1 月与 7 月与新冠疫情暴发后的 2020 年 1 月与 7 月的负荷特性指标如表 4-7-1 所示。由分析可知，新冠疫情对甲省用电负荷特性有如下影响：

一是新冠疫情的暴发使得负荷特性指标有所变化。新冠疫情防控显著改变了电力负荷结构特性。对比 2019—2020 年 1 月份负荷指标数据，月平均日负荷率、月最小负荷率、月不均衡系数等指标数值均呈现下降态势，而月最大峰谷差率则逆势上升，形成“三降一升”的指标组合特征。这一现象折射出疫情期间工业用电占比的收缩效应——制造业企业停工导致其稳定的生产用电需求减弱，而居民生活用电和商业用电的随机性波动主导负荷曲线形态，使得日内用电峰谷波动幅度扩大。

二是随着时间的推移新冠疫情对负荷特性指标的影响有所下降。从两年的 7 月份各负荷特性指标来看，月平均日负荷率和月不均衡系数等指标数值有所上升，这说明随着时间的推移工业用电比重逐渐恢复，负荷相较于 2019 年波动更小。

表 4-7-1　新冠疫情下 2019 年和 2020 年甲省 1 月和 7 月份负荷特性指标

项目	2019 年		2020 年	
月份	1 月	7 月	1 月	7 月
月平均日负荷率	0.798	0.863	0.787	0.872
月最小负荷率	0.486	0.646	0.404	0.635
月最大日峰谷差率	0.514	0.354	0.596	0.365
月不均衡系数	0.910	0.790	0.871	0.861

4.7.2　俄乌冲突对负荷特性的影响

俄乌冲突对中国能源密集型产业的电力负荷特性产生连锁影响。作为中国主要原油供应国之一，俄罗斯能源出口受限可能引发炼化产业链波动。原油供应短缺或中断将迫使部分炼油厂降低开工率甚至停产，直接削弱石化行业连续稳定的用电需求，导致区域电网负荷曲线出现非常规波动。炼化装置非计划性停运可能打破原有负荷平衡，使相关区域峰谷差率扩大，日负荷率呈现不规则变化。

2022年，甲省高耗能行业用电低迷，全省工业用电量以及四大高耗能用电量均有所减少，同时用电比重均呈现下降趋势，其中受影响较大的是有色金属和非金属行业（见表4-7-2），其2022年用电量增速减少10%左右。一方面是由于省内产业转型、环保整治等政策因素影响所致，但更多的是由于俄乌冲突叠加新冠疫情。在国内外复杂的经济形势背景下，使得2022年国内原材料价格上涨，市场需求回落，高耗能企业大部分面临较大的生产运营压力，导致传统高耗能行业用电持续下滑。

表4-7-2　2021—2022年甲省工业用电量及其增速和用电比重变化

项目		年份	
		2021	2022
工业用电量	工业	1 328.28	1 313.64
	四大高耗能行业	505.68	466.8
	其中:黑色金属	184.68	174.6
	有色金属	72.24	65.04
	化工	85.08	80.64
	非金属	163.68	146.52
工业用电量增速	工业	10.37%	−1.10%
	四大高耗能行业	7.42%	−7.69%
	其中:黑色金属	11.68%	−5.46%
	有色金属	12.95%	−9.97%
	化工	11.13%	−5.22%
	非金属	−0.73%	−10.48%
工业用电比重	工业	51.40%	48.97%
	四大高耗能行业	19.60%	17.40%
	其中:黑色金属	7.10%	6.51%
	有色金属	2.80%	2.42%
	化工	3.30%	3.01%
	非金属	6.30%	5.46%

表 4-7-3　2021—2022 年甲省化学原料和化学制品制造业负荷特性指标

项目	2021	2022
年负荷率	0.787	0.751
年平均日负荷率	0.932	0.882
年平均峰谷差率	0.145	0.245
年最大峰谷差率	0.350	0.570

2021—2022 年甲省化学原料和化学制品制造业负荷特性指标如表 4-7-3，2021—2022 年甲省黑色金属行业负荷特性指标如表 4-7-4 所示。经分析可知，2022 年甲省化工行业以及黑色金属行业的年负荷率分别下降 4.6％和 6.8％，年平均日负荷率分别下降 5.4％和 8.7％，年平均峰谷差率分别升高 69％和 34.5％。从行业负荷特性指标来看，由于高耗能行业不景气，生产连续性也受到影响，导致该行业负荷特性发生较大变化。

表 4-7-4　2021—2022 年甲省黑色金属行业负荷特性指标

项目	2021	2022
年负荷率	0.637	0.594
年平均日负荷率	0.804	0.734
年平均峰谷差率	0.385	0.518
年最大峰谷差率	0.606	0.894

第5章　电力需求预测

电力需求预测是指对未来一段时间内的电力需求进行预测和估计的过程。作为电力行业和能源规划的重要工具,其对于保障电力供应的稳定性、降低成本、优化电网规划以及制定能源政策都具有重要的意义。本章首先对电力需求预测进行概述,然后介绍三种主要的负荷预测方法的原理,最后以甲省为例,结合第4章影响负荷特性的主要因素进行负荷特性指标预测。预测结果将为电力系统的健康发展和可持续发展提供重要的支持。

5.1　电力需求预测概述

5.1.1　电力需求预测的特点

电力需求预测是基于对历史数据的收集、分析和模型搭建,从而实现对将来的预测,这个过程涉及到许多因素,如历史资料,外在影响因素,模型算法,以上这些因素都会对预测产生着重要影响,它们的多样性亦给预测带来了诸多特点。电力需求预测主要具有以下四个特点[13]:

(1) 不确定性

实际中,存在着各式各样的影响因素干扰电力负荷的运行,并且这些影响因素的变化又是错综复杂的,所以其在将来的发展情况是无法完全预知和确定的。对于这些发展变化,有些是可以预知和估计的,有些却是很难预见的,同时伴随着一些突发情况的发生,因而导致预测结果具有不确定性或者不完全确定性。

(2) 条件性

无论是哪种类型电力需求的预测，均是基于某些前提条件上作出的。关于条件的分类，又可以分为假设条件和必然条件。假如模型制作者足够了解电力需求的内在发展规律，那么定义该情景下的预测条件为必然条件，相应的该模型得到的预测值准确度就比较高。但是因为现实中负荷的发展规律是难以掌握的，因此需要提出些假设性条件用以支撑模型的运作。在这些假设条件基础上开展预测工作，有利于让预测结果更精准、有效地指导未来的电力规划工作。

（3）时间性

预测的时间性主要体现在，在时间范畴上可以对负荷预测进行分类，最简单的分类如短期，中期和长期，任何的电力需求预测都可以归为其中一类，在开展预测工作时，首先需要明确预测的目标时间，才能有针对性地选择合适的模型。

（4）多方案性

电力系统负荷预测领域有着诸多类型的预测模型，每一种预测模型都有自身的适用范畴，没有一种模型是通用万能的。因为电力需求自身发展和外在影响因素的不确定性，所以经常会要作很多种场景假设，针对每一个场景都需要有相应的方案与模型，因此电力需求预测具有多方案性。

5.1.2 电力需求预测的基本原理

电力需求预测的开展主要是通过收集历史数据、并作分析和研究，提炼出电力需求的发展特点与规律，从而帮助判断、预知其在将来的发展水平，任何的实践工作都离不开理论基础的指导，为了更加高效、精准地开展预测工作，有必要掌握预测工作的基本原理。主要有以下六个基本原理[14]：

（1）可能性原理

事物的发展是受到内因和外因的共同推动，随着这两个因素的变化，事物的发展变化会呈现多种可能性。针对每一种可能性都需要有相应的方案与模型，因此实际开展电力需求预测工作时，经常会要作很多种场景假设。

（2）可知性原理

人具有主观能动性，世界亦是可认知的。通过分析事物的发展规律，其在未来的发展情况和趋势都是可以被了解的。利用人的主观能动性，通过对历史的分析、总结，可以预估其在将来的发展，也是进行电力需求预测的根本理论依据。

（3）反馈性原理

反馈的科学定义是从输出返回到输入端,利用输出与输入的差调节输入的过程。通过对预测实践的总结,人们发现当预测结果与实际存在着误差时,该误差可用于修正预测模型,达到提高预测准确度的目标。反馈调节工作一般分为两步,首先仔细分析预测值与实际值的误差以及误差产生的原因;接着,鉴于对误差分析得到的结论,对输入数据进行相应调整,从而实现对预测结果的修正。反馈性原理简单理解就是把预测值和实际值作比较,分析误差并制定修正方案,以实现预测结果的不断优化。

(4) 连续性原理

连续性原理是指事物的发展过程是连续和统一的,事物的某些性质和特性会在发展过程中一直保存下去。任何的预测对象都具有连续性的特点,对未来数据的预测必须是建立在已知历史数据基础上。作为人类,可以干预和控制事物的未来发展情况,而预测的目的在于利用预测得到的信息,制定相应的决策来控制和调整未来的情况,因此当对目标对象的历史足够掌握,就可以通过分析研究来提炼出该对象的发展规律,然后基于该规律和连续性原理对目标对象的未来发展情况作出预测。

(5) 相似性原理

相似性原理类似于物理学中的类比原理,虽然不同对象的发展状况不尽相同,但某些对象之间仍然有着共同点,利用这些共同点可以帮助人们开展预测工作。在实际进行电力需求预测时,如果两个对象的发展历史有着很高的相似度,就可以利用已知对象的发展历史对待预测对象的将来发展情况进行拟合和预测。相似性原理在电力需求预测工作中有着较为广泛的应用。例如,如果需要预测某一个新建工厂的用电量,但鉴于其历史数据较少,很难利用如时间序列法等经典方法进行预测,这时就可以参考一个已经建好的、规模和性质类似的工厂,基于其已知的发展历程,用作新工厂用电量预测的模板,来实现对未来电量的预测。

(6) 系统性原理

每一个预测对象都是一个独立的完整系统,该系统由两部分组成,其中一部分由自身系统构成,另一部分由与外部系统联系构成。任何事物系统的发展不光受其自身系统影响,还受到与之联系的外部系统作用,因此在进行电力需求预测工作时应将二者作为一个整体系统考虑。

5.1.3 电力需求预测的分类

电力需求预测研究的前提是需要确定影响电力需求的因素,由于电力需求通常受到气象、经济、政治、时间等影响，而且这些因素具有很大的不确定性，所以电力需求也存在较大的随机性和不确定性。在进行预测研究时，为了提高针对某个区域的预测精度，需要根据当地电网的实际情况，从多种方法上进行深入探索，根据典型情况的分析结构从而确定最合适的方法。

(1) 按预测内容分类

按照预测内容的不同，可分为电量预测和负荷预测。其中，电量预测包括全社会用电量预测和调度供电量预测；负荷预测包括全社会负荷预测和调度负荷预测。

(2) 按预测期限分类

按照预测周期的不同，预测可以分为短期预测、中期预测和长期预测、超短期四类[15]，其介绍见表 5-1-1。

表 5-1-1　电力负荷预测分类

预测类型	预测期限	预测间隔	作用
长期	15 年以上	1 年	供电部门规划电网的参考依据，通过长期预测以完成计划的运行和检修
中期	5～15 年	1 月	通过中期预测以完成月计划的运行和检修，还可以为水、电、煤调度提供参考
短期	1 日、1 月或 1 周	1 日或 1 小时	日计划的安排，包括开机、停机、发电等
超短期	1 小时或者 10 分钟	1 分钟	主要用于经济型电力调度和安全控制

(3) 按照行政级别分类

根据行政级别的不同，可分为省级预测、市级预测、县级预测。

5.1.4　电力需求预测的基本步骤

电力需求预测的首要工作和基础是收集历史数据，历史数据的质量直接决定了预测模型的精准度。收集完历史数据就需要选用高效的算法构建模型，通过预测实践和校验以不断地修正模型与算法，实现模型的优化。如图 5-1-1 所示，负荷预测的步骤[16]包括：

(1) 历史数据收集

历史数据的收集要通过多种不同的方法(包括目标对象的外部资料和内部资料)，并挑选出其中有代表性的历史数据。历史数据的挑选要基于代表性和可靠性的原则，

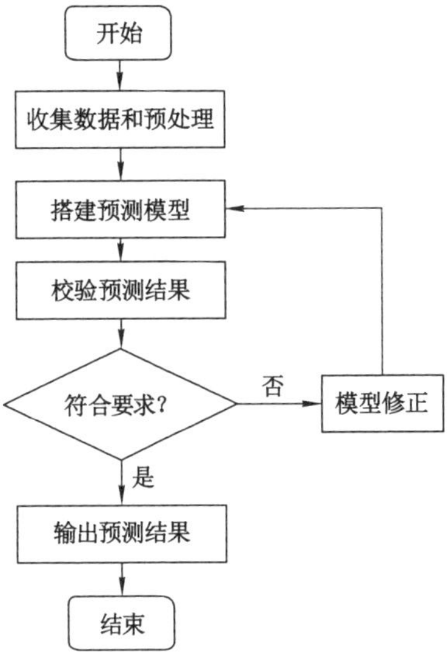

图 5-1-1　电力需求预测流程图

数据的好坏将决定预测结果是否精准。

(2) 数据的预处理

从理论上讲,预测模型的精度不会超过所用数据的精度。因此要想提高最终预测结果的精度,要注重历史数据的处理,具体包括以下两个步骤:

首先是要保证历史数据的完整性与正确性,所收集的数据必须都是正常状态下,避免异常值,同时对于缺失的资料要补齐,并核实调整不可靠数据;

接着需要对历史数据进行更精细的处理,简单讲就是奇怪数值的平滑化和空缺数据的补齐。对异常数据的处理通常有两种办法:水平处理和垂直处理。数据水平处理是指预处理数据时,以待处理数据相邻的两个数据为参考值,分别作为参考的上下限,如果待处理数据超过该上下限就判定为不合格。数据垂直处理是指预处理数据时认定其时间期限为 24 h,主要基于类比原理,认为不同日期但相同时刻的负荷值是近似相等的,或者说相同时刻的负荷应保持在某个范围内,根据这个原则对不符合条件的数据进行处理,一般的处理方法是取附近几日相同时刻的平均值[17]。

(3) 预测模型的搭建

搭建预测模型是整个预测过程中最核心的工作,预测模型的选取是否合适有时直接决定了最终的预测质量。如果因为模型选择失误导致较大的预测误差,则应该重新选择预测模型,也可以采取多种模型同时进行预测,最后通过比较确定最合适的预测模型。由于外在影响因素的存在，所以仅凭借历史数据的变化规律并不能反映其在未来的变化规律，因此还需要对影响电力需求的影响因素数据进行分析。最后在模型搭建成功后，得到初步的预测结果，还需要对它进行精度校验，分析误差，再对预测模型进行修正，最终得到更为精准的预测值。

5.2　负荷预测方法

5.2.1　回归分析法

（1）回归分析法基本原理

回归分析法就是利用研究对象与其相关影响因素之间的因果关系，从而作出分析与预测的方法。在回归分析中，习惯将研究对象称之为因变量，将研究对象的影响因素称之为自变量。对回归进行分类时，按照自变量的个数可以将回归分析分为元回归分析法和多元回归分析法；按照因变量与自变量之间的关系是否为线性可以将回归分析分为线性回归分析和非线性回归分析[18]。鉴于本书主要涉及线性模型，故本节仅对线性回归分析相关原理作介绍。

① 一元线性回归分析

一元线性回归分析的模型可表述为

$$y = a + bx + u \tag{5-2-1}$$

其中，y 为预测变量；x 为响应变量；u 为回归误差，它代表了响应变量中尚未被考虑的所有变量的总和。当获得响应变量和预测变量的样本值时，为进一步得到完整的一元线性回归模型，还需对式(5-2-1)中的未知参数进行估计。

用最小二乘法回归，通过使越靠近估计点的值其权重越大减小误差平方和，得到逼近真实情况的曲线，误差平方和的表达式为

$$Q = \sum_{t=1}^{n} v_t^2 = \sum_{t=1}^{n} [y_t - (a + bx_t)]^2 \tag{5-2-2}$$

按最小二乘法，使 Q 取极小值，等价 Q 与分别对 a 和 b 求偏导得

$$\frac{\partial Q}{\partial a} = -2\sum_{t=1}^{n}(y_t - a - bx_t) = 0 \tag{5-2-3}$$

$$\frac{\partial Q}{\partial b} = -2\sum_{t=1}^{n}x_t(y_t - a - bx_t) = 0 \tag{5-2-4}$$

最后可解得

$$b=\left[\sum_{t=1}^{n}(x_t-\bar{x})(y_t-\bar{y})\right]/\left[\sum_{t=1}^{n}(x_t-\bar{x})^2\right] \tag{5-2-5}$$

$$a=\bar{y}-b\bar{x} \tag{5-2-6}$$

其中，$\bar{x}=\frac{1}{n}\sum_{t=1}^{n}x_t$，$\bar{y}=\frac{1}{n}\sum_{t=1}^{n}y_t$。由此确定了回归方程中的未知参数，从而用一元线性回归分析的模型进行预测。

② 多元线性回归分析

多元线性回归模型的响应变量个数大于 1，含 m 个响应变量的多元线性回归模型为

$$y=b_0+\sum_{i=1}^{m}b_i x_i+u \tag{5-2-7}$$

式(5-2-7)中，a 是假设常数项，即自变量取值总为 1 的回归系数。假设样本个数为 T，将式(5-2-7)转换为矩阵形式

$$Y=X\beta+u \tag{5-2-8}$$

式(5-2-8)中，Y 是各因变量形成的 T 维列向量；X 是各自变量形成的 $T\times(m+1)$ 阶矩阵；β 是各回归系数形成的 $m+1$ 维向量；u 是各误差形成的列向量。其误差平法和的表达式为

$$Q=\sum_{t=1}^{T}\hat{u}'_t\hat{u}_t=(Y-X\hat{\beta})'(Y-X\hat{\beta}) \tag{5-2-9}$$

对式(5-2-9)最小化，通过类似一元回归方法求出回归系数为

$$\hat{\beta}=(X'X)^{-1}X'Y \tag{5-2-10}$$

(2) 回归分析法的操作流程

使用回归分析法进行负荷预测的流程图如图 5-2-1 所示。首先根据历史负荷特性指标数据，同时结合对负荷特性指标的影响因素，对负荷特性指标和多个影响因素进行多元线性回归，得到回归方程；其次将历史数据当作时间序列根据其年份序列号进行一元线性回归，得到预测年份影响负荷特性指标因素的预测值；最后结合影响因素的预测值和回归方程对负荷特性指标进行预测，得到预测结果。

5.2.2 灰色预测法

灰色系统理论[19]是由我国著名学者邓聚龙在 1982 年所创立的，它主要用于研究数

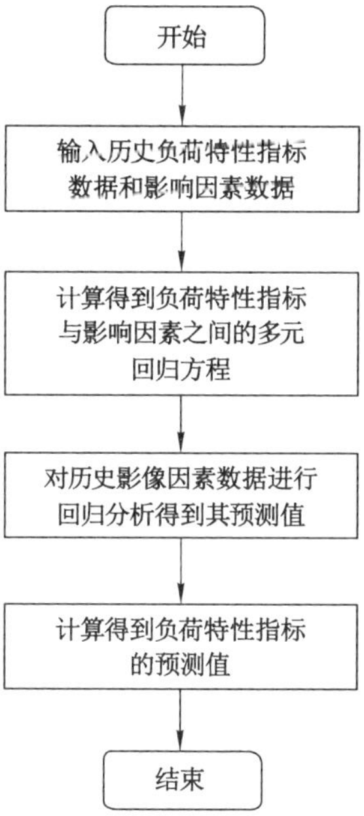

图 5-2-1　回归分析法预测负荷特性流程图

据不足、信息贫乏且存在不确定性特点的问题。灰色系统理论通过对已知的部分信息进行处理，增强数据的规律性，以便掌握所要研究的对象的演变走势，对未来信息进行有效预估。由于负荷预测具有这种数据不足、信息贫乏且存在不确定性的特征，注定了灰色系统理论在负荷预测领域具有不可忽视的研究价值[20]。

(1) 灰色系统理论的基本概念

在控制论中，颜色的深浅是用来描述所研究对象对已知信息的掌握程度，灰色系统理论即是按照这一规则命名的。一般来讲，“黑”是用来描述信息完全未知的情况，“白”是用来描述信息完全已知的情况，而“灰”则介于上述两者之间。“灰”表示一部分信息是已知的，而其他部分信息是未知的情况，对于具有这种特性的系统称为灰色系统。

研究系统结构和功能，就要通过对象、要素、环境这三者进行有机的联系并研究这三者的变化规律。灰色系统认为系统的庞大性、复杂性是其表面现象，而系统的本质是灰性的。因此，灰色系统理论的宗旨是在承认系统灰性存在的基础上，对系统的灰性进行研究。

灰色系统理论的研究对象是带有不确定性的系统，其样本数据少、信息贫乏，只有部分信息是已知的。灰色系统理论通过对已知的部分信息进行生成、开发来实现对系统的发展变化的正确描述和有效监控。对于电力负荷系统而言，电网现有的容量、电能的生产能力、具备的供电机组等信息是已知的。但是也存在许多不确定的未知信息，如影响负荷变化的天气状况因素、政府的决策、地区的经济及人口等。所以，电力负荷系统的实质就是灰色系统。

(2) 灰色生成

原始数据序列$\{x^{(0)}\}$的全部数据按一定规则进行数据处理，这个过程称为生成。灰色理论对原始数列采用“生成”的方法，使得到的新数列的随机性削弱、规律增强，新数列的数据称为生成数。一般灰色生成方法包括累加生成、累减生成、均值生成、级比生成，下面对这些方法依次进行介绍。

① 累计生成

累加生成可以将杂乱无章的原始数据的内在规律体现出来。其处理方式是对原始数列的首位数据不作改变，使其作为累加生成的新数列的第一位数据，将原始数列的前两位数据相加作为新数列的第二位数据，将原始数据的前三位数据相加作为新数列的第三位数据，以此类推，得到一组新数列，即累加生成数列。

设 $x^{(0)}=[x^{(0)}(1),x^{(0)}(2),\cdots,x^{(0)}(n)]$为原始序列。记一次累加生成的新的数列为 $x^{(1)}=[x^{(1)}(1),x^{(1)}(2),\cdots,x^{(1)}(n)]$，其中

$$x^{(1)}(k)=\sum_{i=1}^{k}x^{(0)}(i)\quad(k=1,2,\cdots,n)\tag{5-2-11}$$

以此类推，r 次累加生成的数列 $x^{(r)}$，其中

$$x^{(r)}(k)=\sum_{i=1}^{k}x^{(r-1)}(i)\quad(k=1,2,\cdots,n)\tag{5-2-12}$$

② 累计生成

对原始数列的相邻两个数进行相减，这种方法称为累减生成。在实际运用中，累减生成一般是与累加生成相继运用的，其互为逆运算，累减生成的过程又称为还原。

设$\{x^{(r)}\}$为 r 次生成序列，对$\{x^{(r)}\}$作 i 次累减，记为 $\varphi^{(i)}$。其满足

$$\varphi^{(1)}[x^{(r)}(k)]=\varphi^{(0)}[x^{(r)}(k)]-\varphi^{(0)}[x^{(r)}(k-1)]=x^{(r)}(k)-x^{(r)}(k-1)=x^{(r-1)}(k)\tag{5-2-13}$$

当 $i=r$ 时

$$\varphi^{(r)}[x^{(r)}(k)]=x^{(0)}(k)\tag{5-2-14}$$

③ 均值生产

均值生成分为邻均值生成和非邻均值生成两种情况。所谓邻均值生成就是对间隔

相同序列的相邻数据取平均值，构造新数列。设原始数据序列为

$$x^{(0)}=[x^{(0)}(1),x^{(0)}(2),\cdots,x^{(0)}(n)]$$

设新的生成数列的序号 k 的生成值为

$$z(k)=0.5x(k)+0.5x(k-1) \tag{5-2-15}$$

即邻均值生成。非邻均值生成是对于数列存在间隔不等、有空缺的情况，这时就利用空缺位置两边的数据取平均值来填充空缺。设原始数据序列为

$$\{x\}=[x(1),\ x(2),\cdots,\ x(k-1),\ \psi(k),\ x(k+1),\cdots,x(n)] \tag{5-2-16}$$

$\psi(k)$为空缺位置，则 k 点的非均值生成 $z(k)$为

$$z(k)=0.5x(k-1)+0.5x(k+1) \tag{5-2-17}$$

在电力系统负荷预测领域，均值生成作为一种常用手段用来对不完整的负荷数据进行整理和补充。

④ 级比生成

级比生成是级比 $\sigma(k)$ 与光滑比 $\rho(k)$ 生成的总称。均值生成只能对数列中间部分进行处理，而数列端点的生成采用级比生成的方法。例如 n 组数据序列

$$\{x\}=[\psi(1),\ x(2),\cdots,\psi(n)]$$

$\psi(1)$和 $\psi(n)$为空缺端点，求 $x(1)$采用右邻的级比或者光滑比生成，而求 $x(n)$可采取左邻的级比或光滑比生成。

设原始序列为 $x^{(0)}=[x^{(0)}(1),x^{(0)}(2),\cdots,x^{(0)}(n)]$。$x^{(0)}$的级比生成为

$$\sigma(k)=\frac{x^{(0)}(k)}{x^{(0)}(k-1)} \tag{5-2-18}$$

$x^{(0)}$的光滑生成为

$$\rho(k)=\frac{x^{(0)}(k)}{\sum_{m=1}^{k-1}x^{(0)}(m)} \tag{5-2-19}$$

(3) 灰色预测模型[21]

灰色模型也称为GM模型(GREY MODEL)。传统建模是对数列建立差分方程，而灰色模型的建模过程是先对原始数据序列作生成处理后再建立微分方程。原始历史数据序列一般是离散无规律的数据序列，这种数列称为灰色数列，对灰色数列建立的模型即为灰色模型。一般意义上的灰色模型为 $GM(m,n)$，其表示对 n 个变量建立 m 阶微分方程。电力系统是典型的灰色模型，中长期负荷预测常用的是 $GM(1,1)$、$GM(1,n)$、$G(0,n)$三种模型。

① $GM(1,1)$ 模型

$GM(1,1)$模型是由单变量的一阶微分方程所构成的模型，它是灰色模型中应用最广泛的模型，是 $GM(1,n)$模型在 $n=1$ 时的特例。$GM(1,1)$模型是在电力负荷预测领域被采用，而且结果在一定程度上具有参考价值。其预测过程如下：

a. 设有原始非负数列为 $x^{(0)}=[x^{(0)}(1),x^{(0)}(2),\cdots,x^{(0)}(n)]$；

b. 对原始数列 $x^{(0)}$ 作一次累加得到 $x^{(1)}=[x^{(1)}(1),x^{(1)}(2),\cdots,x^{(1)}(n)]$；

c. 得到 $x^{(0)}(k)$的 $GM(1,1)$白化形式的微分方程如下

$$\frac{\mathrm{d}x^{(1)}}{\mathrm{d}t}+ax^{(1)}=u \tag{5-2-20}$$

其中，a，u 为待定参数，$x^{(1)}$取相邻两个时刻的均值，即作均值生成

$$x^{(1)}(k)=0.5x^{(0)}(k)+0.5x^{(0)}(k+1) \tag{5-2-21}$$

$\frac{\mathrm{d}x^{(1)}}{\mathrm{d}t}$按照导数的定义可得

$$\frac{\mathrm{d}x^{(1)}}{\mathrm{d}t}=x^{(0)}(k+1) \tag{5-2-22}$$

故将式(5-2-21)写成矩阵的形式为

$$Y_n=BA$$

$$Y_n=\begin{bmatrix} x^{(0)}(2) \\ x^{(0)}(3) \\ \vdots \\ x^{(0)}(n) \end{bmatrix},\ B=\begin{bmatrix} -\frac{1}{2}[x^{(1)}(1)+x^{(1)}(2)] & 1 \\ -\frac{1}{2}[x^{(1)}(2)+x^{(1)}(3)] & 1 \\ \vdots & \vdots \\ -\frac{1}{2}[x^{(1)}(1)+x^{(1)}(2)] & 1 \end{bmatrix},\ A=\begin{pmatrix} a \\ u \end{pmatrix} \tag{5-2-23}$$

采用最小二乘法求取参数 a，u，得

$$\hat{A}=(B^{\mathrm{T}}B)^{-1}B^{\mathrm{T}}Y_n=\begin{pmatrix} \hat{a} \\ \hat{u} \end{pmatrix} \tag{5-2-24}$$

c. 将求得的参数带入微分方程可解得

$$\hat{x}^{(1)}(k+1)=[x^{(0)}(1)-\frac{\hat{a}}{\hat{u}}]\mathrm{e}^{-\hat{a}k}+\frac{\hat{a}}{\hat{u}} \tag{5-2-25}$$

d. 将式(5-2-25)作累减还原可得

$$\hat{x}^{(0)}(k+1)=\hat{x}^{(1)}(k+1)-\hat{x}^{(1)}(k)=(1-\mathrm{e}^{\hat{a}})(x^{(0)}(1)-\frac{\hat{u}}{\hat{a}})\mathrm{e}^{-\hat{a}k} \tag{5-2-26}$$

② $GM(1,n)$模型

$GM(1,n)$模型是对 n 个变量建立一阶微分方程而构造出来的预测模型。在电力负荷预测中,其用于对考虑影响负荷的相关因素的电力负荷进行预测。其预测过程如下:

a. 假设有 n 个变量 $x_1,x_2,\cdots,x_n$,其中 x_1 为主因素变量,$x_2,x_3,\cdots,x_n$ 为与主因素变量相关的影响因素变量,它们构成 n 个数列

$$x_i^{(0)}=[x_i^{(0)}(1),x_i^{(0)}(2),\cdots,x_i^{(0)}(n)]\quad i=1,2,\cdots,n$$

对原始数列 $x^{(0)}$ 作一次累加得到

$$x_i^{(1)}=[x_i^{(1)}(1),x_i^{(1)}(2),\cdots,x_i^{(1)}(n)]\quad i=1,2,\cdots,n$$

b. 建立微分方程形式如下

$$\frac{\mathrm{d}x^{(1)}}{\mathrm{d}t}+ax^{(1)}=b_2x_2^{(1)}+b_3x_3^{(1)}+\cdots+b_nx_n^{(1)} \tag{5-2-27}$$

记 $\hat{A}=(\hat{a},\hat{b}_2,\hat{b}_3,\cdots,\hat{b}_n)^{\mathrm{T}}$,使用最小二乘法求解 $\hat{A}$,即

$$\hat{A}=(B^{\mathrm{T}}B)^{-1}B^{\mathrm{T}}Y_n \tag{5-2-28}$$

其中,

$$Y_n=\begin{bmatrix} x_1^{(0)}(2) \\ x_1^{(0)}(3) \\ \vdots \\ x_1^{(0)}(n) \end{bmatrix},\ B=\begin{bmatrix} -\frac{1}{2}[x_1^{(1)}(1)+x_1^{(1)}(2)] & x_2^{(1)}(2) & \cdots & x_n^{(1)}(2) \\ -\frac{1}{2}[x_1^{(1)}(2)+x_1^{(1)}(3)] & x_2^{(1)}(3) & \cdots & x_n^{(1)}(3) \\ \vdots & & & \\ -\frac{1}{2}[x_1^{(1)}(1)+x_1^{(1)}(2)] & x_2^{(1)}(n) & \cdots & x_n^{(1)}(n) \end{bmatrix} \tag{5-2-29}$$

c. 将求得的参数带入微分方程可解得

$$\hat{x}^{(1)}(k+1)=[x_1^{(0)}(1)-\frac{1}{\hat{a}}\sum_{i=1}^{n}b_ix_i^{(1)}(k+1)]\mathrm{e}^{-\hat{a}k}+\frac{1}{\hat{a}}\sum_{i=1}^{n}b_ix_i^{(1)}(k+1)$$
$$k=0,1,2,\cdots \tag{5-2-30}$$

d. 将式(5-2-30)作累减还原可得模型

$$\begin{cases} \hat{x}^{(0)}(1)=\hat{x}^{(1)}(1)=x^{(0)}(1) \\ \hat{x}_1^{(0)}(k+1)=x_1^{(1)}(k+1)-\hat{x}_1^{(1)}(k),k-1,2,\cdots \end{cases} \tag{5-2-31}$$

③ $G(0,n)$模型

$G(0,n)$模型是以原始数据的累加生成数据为基础，该模型不含导数，为静态模型。它与多元线性回归模型相似，却有着本质的区别。不同于多元线性回归模型仅以原始数据为基础进行建模的方法，$G(0,n)$模型是先对原始数据进行生成处理，增强数据的规律性后再建模的，而且 $G(0,n)$模型需要的样本数据量少。因此，$G(0,n)$模型在一定程度上克服了线性回归模型的不足。其预测过程如下：

a. 假设有 n 个变量 $x_1,x_2,\cdots,x_n$，其中 x_1 为主因素变量，$x_2,x_3,\cdots,x_n$ 为与主因素变量相关的影响因素变量，对其进行累加得到

$$x_i^{(1)}=[x_i^{(1)}(1),x_i^{(1)}(2),\cdots,x_i^{(1)}(n)] \quad i=1,2,\cdots,n$$

b. 建立微分方程形式如下

$$x_1^{(1)}=a+b_2x_2^{(1)}+b_3x_3^{(1)}+\cdots+b_nx_n^{(1)} \tag{5-2-32}$$

记 $\hat{A}=(\hat{a},\hat{b}_2,\hat{b}_3,\cdots,\hat{b}_n)^{\mathrm{T}}$，使用最小二乘法求解 $\hat{A}$ 即

$$\hat{A}=(B^{\mathrm{T}}B)^{-1}B^{\mathrm{T}}Y_n \tag{5-2-33}$$

其中，

$$Y_n=\begin{bmatrix} x_1^{(1)}(2) \\ x_1^{(1)}(3) \\ \vdots \\ x_1^{(1)}(n) \end{bmatrix},\ B=\begin{bmatrix} 1 & x_2^{(1)}(2) & \cdots & x_n^{(1)}(2) \\ 1 & x_2^{(1)}(3) & \cdots & x_n^{(1)}(3) \\ \vdots & & & \\ 1 & x_2^{(1)}(n) & \cdots & x_n^{(1)}(n) \end{bmatrix} \tag{5-2-34}$$

③ 将求得的参数代入方程，再进行累减还原，即可得到模型为

$$\begin{cases} \hat{x}_1^{(0)}=\hat{x}_1^{(1)}(1) \\ \hat{x}_1^{(0)}(k+1)=\hat{x}_1^{(1)}(k+1)-\hat{x}_1^{(1)}(k) \quad k=1,2,\cdots \end{cases} \tag{5-2-35}$$

(4) 灰色预测法的预测流程

综上，使用灰色模型对负荷特性进行预测的流程图如图 5-2-2 所示。首先输入原始负荷数据；接着进行一次累加得到累加序列；然后建立微分方程求解；最后进行累减还原，计算负荷数据预测值并输出。

5.2.3 人工神经网络法

人工神经网络[21]是基于生物学中神经网络的基本原理，在理解和抽象了人脑结构和外界刺激响应机制后，以网络拓扑知识为理论基础，模拟人脑的神经系统对复杂信息的处理机制的一种数学模型。该模型以并行分布的处理能力、高容错性、智能化和自学

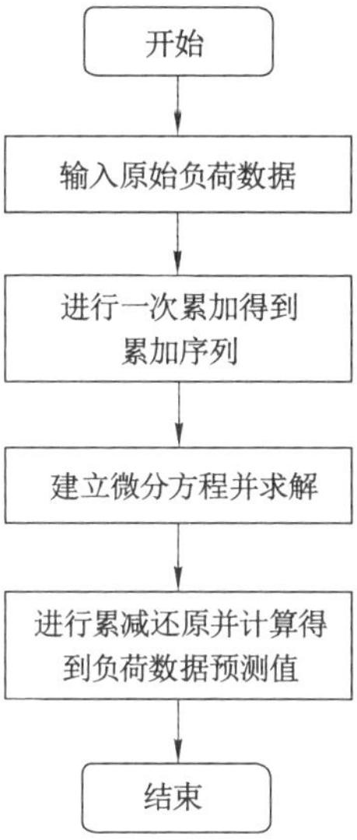

图 5-2-2　灰色预测法预测负荷特性流程图

习等能力为特征，将信息的加工和存储结合在一起，以其独特的知识表示方式和智能化的自适应学习能力，引起各学科领域的关注。神经网络实际上是一个由大量简单元件相互连接而成的复杂网络，具有高度的非线性，能够进行复杂的逻辑操作和非线性关系实现的系统。

（1）神经网络的概念

神经网络是一种运算模型，由大量的节点（或称神经元）之间相互连接构成。每个节点代表一种特定的输出函数，称为激活函数。每两个节点间的连接都代表一个对于通过该连接信号的加权值，称之为权重，神经网络就是通过这种方式来模拟人类的记忆。网络的输出则取决于网络的结构、网络的连接方式、权重和激活函数。而网络自身通常都是对自然界某种算法或者函数的逼近，也可能是对一种逻辑策略的表达。神经网络的构筑理念是受到生物的神经网络运作启发而产生的。人工神经网络则是把对生物神经网络的认识与数学统计模型相结合，借助数学统计工具来实现。另一方面在人工智能学的人工感知领域，通过数学统计学的方法，使神经网络能够具备类似于人的决定能力和简单的判断能力，这种方法是对传统逻辑学演算的进一步延伸。

（2）基于人工神经网络的预测模型

常见的基于人工神经网络的模型包括 BP(Back propagation) 神经网络、卷积神经网络、循环神经网络、长短期记忆网络等。接下来以 BP 神经网络为例，进行说明。

BP 神经网络是 1986 年由 Rumelhart 和 McClelland 为首的科学家提出的概念，是一种按照误差逆向传播算法训练的多层前馈神经网络，是应用最广泛的神经网络模型之一。BP 算法的基本思想是：学习过程由信号的正向传播和误差的反向传播两个过程组成。在信号进行正向传播时，输入数据导入到输入层，经过隐含层，传至输出层，数据经过每一层都要经过一系列处理手段。当输出层的结果与实际期望值存在一定差距时，则开始误差的反向传播。输出误差以某种方式由输出层到隐含层再到输入层逐层传递，此误差信号用于修正各层的权值。这种信号的正向与误差的反向传播循环进行，权值也在不断调整，这个过程就是学习训练的过程。学习训练过程直至输出层输出的结果与期望值的误差在允许范围内，或达到设定的循环次数为止。

BP 神经网络以三层网络结构最为常见，其结构图如图 5-2-3 所示。

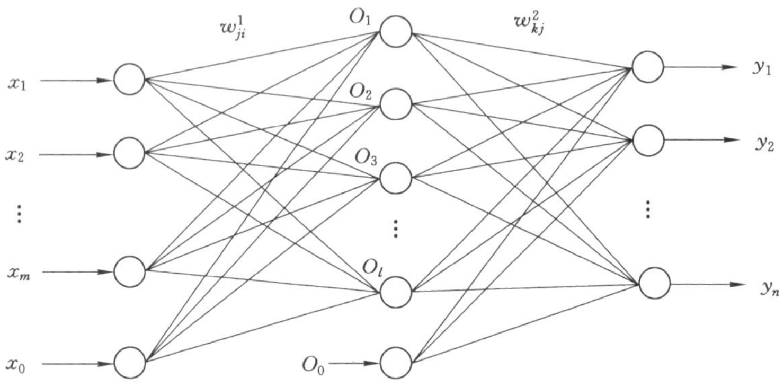

图 5-2-3　典型 BP 神经网络三层结构图

三层 BP 神经网络中，输入矢量 $X=(x_1,x_2,\cdots,x_m)^{\mathrm{T}}$，图中 $x_0=1$ 是为隐含层神经元引入阈值而设置的；隐含层输出矢量 $O=(o_1,o_2,\cdots,o_l)^{\mathrm{T}}$，图中 $o_0=1$ 是为输出神经元引入阈值而设置的；输出层输出矢量 $Y=(y_1,y_2,\cdots,y_n)$，期望输出为 $T=(t_1,t_2,\cdots,t_n)^{\mathrm{T}}$。输入层到隐含层之间的权值矩阵用 W^1 表示，$w_{ji}{}^1$ 表示输入层第 i 个神经元到隐含层第 j 个神经元的权值系数。隐含层到输出层的权值矩阵用 W^2 表示，$w_{kj}{}^2$ 表示隐含层第 j 个神经元到输出层第 k 个神经元的权值系数。三层 BP 神经网络之间的数学关系如下：

① 从输入层到隐含层

$$o_j=f_1(net_j)\quad j=1,2,\cdots,l \tag{5-2-36}$$

$$net_j = \sum_{i=0}^{m} w_{ji}{}^{1} x_i \quad j = 1,2,\cdots,l \tag{5-2-37}$$

② 从隐含层到输出层

$$y_k = f_2(net_k) \quad k = 1,2,\cdots,n \tag{5-2-38}$$

$$net_k = \sum_{i=0}^{l} w_{kj}^{2} o_j \quad k = 1,2,\cdots,n \tag{5-2-39}$$

③ 激励函数

式(5-2-36)一般选用单极性的 Sigmoid 函数，其表达式为

$$f_1(x) = \frac{1}{1+\mathrm{e}^{x}} \tag{5-2-40}$$

式(5-2-38)一般选用线性函数，其表达式为

$$f_2(x) = x \tag{5-2-41}$$

上述三层网络之间的数学关系即为 BP 网络的正向传播过程，下面对其训练过程中反向传播过程进详细介绍。

设输入矢量为 X_p 时，网络输出矢量为 Y_p，T_p 为期望输出矢量。BP 神经网络的训练过程就是使得最后网络的输出矢量等于期望的输出矢量或者逼近期望输出矢量。在训练过程中 Y_p 和 T_p 存在误差。令误差函数

$$E_p = d(T_p, Y_p) = \frac{1}{2}\sum_{k=1}^{n}(t_{pk} - y_{pk})^2 \tag{5-2-42}$$

其中，d 表示两个矢量之间的距离函数。权值的更过程就是使得误差降到最小值来实现的。将误差函数展开至隐含层，得

$$E_p = \frac{1}{2}\sum_{k-1}^{n}[t_{pk} - f(n_{pk})]^2 = \frac{1}{2}\sum_{k=1}^{n}\left[t_{pk} - f\left(\sum_{j=0}^{l} w_{kj}^{2} o_{pj}\right)\right]^2 \tag{5-2-43}$$

再将(5-2-43)进一步展开至输入层，得

$$E_p = \frac{1}{2}\sum_{k=1}^{n}\left\{t_{pk} - f\left[\sum_{j=0}^{l} w_{kj}^{2} f(n_{pj})\right]\right\}^2 = \frac{1}{2}\sum_{k=1}^{n}\left\{t_{pk} - f\left[\sum_{j=0}^{l} w_{kj}^{2} f\left(\sum_{i=0}^{m} w_{ji}^{1} x_{pi}\right)\right]\right\}^2 \tag{5-2-44}$$

权值调整的过程是使误差不断减小的过程，因此权值的变化量与误差的梯度下降成正比，则有

$$\Delta w_{kj}^{2} = -\eta\frac{\partial E_p}{\partial w_{ki}^{2}} = -\eta\frac{\partial E_p}{\partial net_{pk}}\frac{\partial net_{pk}}{\partial w_{kj}^{2}} \quad j = 0,1,\cdots,l; k = 1,2,\cdots n \tag{5-2-45}$$

$$\Delta w_{ji}^{1} = -\eta\frac{\partial E_p}{\partial w_{ji}^{1}} = -\eta\frac{\partial E_p}{\partial net_{pj}}\frac{\partial net_{pj}}{\partial w_{ji}^{1}} \quad i = 0,1,\cdots,m; j = 1,2,\cdots,l \tag{5-2-46}$$

其中 η 为学习步长，反映了训练的速率。对输出层和隐含层定义广义误差

$$\delta_{pk}^{2}=-\frac{\partial E_{p}}{\partial net_{pk}}=-\frac{\partial E_{p}}{\partial y_{pk}}\frac{\partial y_{pk}}{\partial net_{pk}}=(t_{pk}-y_{pk})f'(net_{pk}) \tag{5-2-47}$$

$$\delta_{pj}^{1}=-\frac{\partial E_{p}}{\partial net_{pj}}=-\frac{\partial E_{p}}{\partial o_{pj}}\frac{\partial o_{pj}}{\partial net_{pj}}=\left[\sum_{k=1}^{n}(t_{pk}-y_{pk})f'(net_{pk})w_{kj}^{2}\right]f'(net_{pj}) \tag{5-2-48}$$

综上可得三层 BP 神经网络权值的调整公式

$$\Delta w_{kj}^{2}=\eta\delta_{pk}^{2}o_{pj}=\eta(t_{pk}-y_{pk})f'(net_{pk})o_{pj} \tag{5-2-49}$$

$$\Delta w_{ji}^{1}=\eta\delta_{pj}^{1}x_{pi}=\eta\left(\sum_{k=1}^{n}\delta_{pk}^{2}w_{kj}^{2}\right)f'(net_{pj})x_{pi} \tag{5-2-50}$$

在三层 BP 神经网络的学习过程中，各层权值调整主要由三个因素决定：学习步长 η、本层的输出误差信号 δ、本层的输入信号 O（或 X）。输出层误差信号是受 BP 网络实际的输出信号与期望输出信号之差影响的，直接反映了输出误差。而隐含层的误差信号是与输出层的误差信号有关，是由输出层反向传递过来的。

理论上，三层 BP 神经网络可以逼近任意连续函数。假设有 N 组训练样本，BP 神经网络的建模训练的过程为：

① 初始化：对权值矩阵 W^1、W^2 赋初值，通常会取比较小的随机数，并且尽可能地覆盖整个权阵空间域；学习步长 η 设为 0～1 之间的数，$E_{\max}$ 为最大允许误差，$Q_{\max}$ 为最大训练次数。p 为样本计数器，置为 1。q 为样本组计数器，置为 1 样本总误差 E 置为 0；

② 正向传播：输入样本 X_p，期望输出 T_p，计算各层神经元输出矢量 O_p、Y_p；

③ 计算网络输出误差，由式(5-2-42)计算误差 E_p，广义误差 δ_{pk}^2 和 δ_{pj}^1；

④ 反向传播：根据式(5-2-49)和(5-2-50)更新权值系数；

⑤ 检查样本是否完成一次训练：若 $p<N$，$p+1\to p$，返回步骤②；否则，转步骤⑥；

⑥ 检查样本总误差是否符合要求：若 $E<E_{\max}$，则训练结束；否则转步骤⑦；

⑦ 检查样本组训练次数是否达到最大值：若 $q>Q_{\max}$，训练结束；否则 $0\to E$，$1\to p$，$q+1\to q$，返回步骤②。

（3）人工神经网络法的操作流程

综上，使用人工神经网络法对负荷特性进行预测的流程图如图 5-2-4 所示。首先初始化神经网络参数；接着输入负荷数据样本，计算各层输出和样本总误差；然后更新网络参数，检测是否达到迭代停止条件，若判断结果为否，则更新负荷数据样本，若判断结

果为是，则用训练好的网络参数计算负荷预测值；最后输出结果。

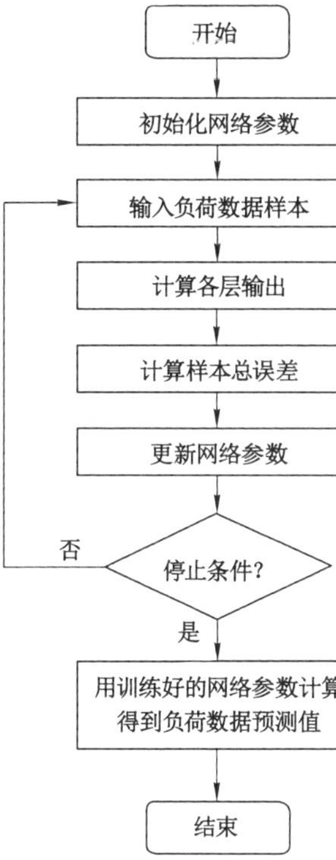

图 5-2-4　人工神经网络法预测负荷特性流程图

5.3　负荷预测案例

以甲省地区生产总值、全社会负荷数据、全社会用电量历史数据为基础，对“十四五”期间该省负荷特性指标、全社会最大负荷、全社会用电量进行预测。

(1) 宏观经济形势预测

① 全国经济形势预测

“十四五”以来，我国经济进入新常态阶段。经济增速已由高速增长阶段转向高质量发展阶段，处在转变发展方式、优化经济结构、转换增长动力的攻关期。一是构建以国内大循环为主体、国内国际双循环相互促进的新发展格局，以扩大内需为战略基点，加快培育完整内需体系，有机结合扩大内需战略和深化供给侧结构性改革，以创新驱动、高质量供给引领和创造新需求；二是坚持深化改革开放，构建高水平社会主义市场经济体制，实现高水平对外开放，推动共建"一带一路"高质量发展；三是推动高质量发展，加快建设现代化经济体系，加快制造强国、质量强国建设；四是坚持创新驱动，把科技自立自强作为国家发展的战略支撑，加强新一代人工智能、量子信息、集成电路等科技前沿领域攻关。四是全面推进乡村振兴战略，增强农业综合生产能力，建设优势农产品产业带和特色农产品优势区，促进要素向乡村流动；五是深入推进以人为核心的新型城镇化战略，以城市群、都市圈为依托，促进大中小城市和小城镇协调联动、特色化发展，推动城市空间结构优化和品质提升。

"十四五"期间，我国仍面对复杂的国际、国内环境，我国经济发展将面临许多风险与挑战。从外部看，世界格局加速演变、乌克兰危机升级、全球通胀升温、美联储货币政策大幅调整使全球经济增长不确定性增强。从国内看，消费不足、人口下降、人口老龄化、产业链重构和城乡差异等不利因素叠加，为经济增长带来挑战。

随着中国经济规模的不断扩大，经济发展逐步由规模速度型转向质量效益型，工业发展向中高端迈进，服务业层次不断提升，推动先进制造业和现代服务业深度融合，经济增长动力逐步由要素投资驱动转向创新提升全要素生产率驱动。综合考虑多方面因素，预计"十四五"期间，中国 GDP 增速维持在 4%～5%，经济发展长期向好的基本面没有变。

② 甲省经济形势预测

面临风高浪急的国际环境和艰巨繁重的国内改革发展稳定任务，以及需求收缩、供给冲击、预期转弱多重压力，全省上下认真落实"三高四新"战略定位和使命任务，坚持"稳、进、高、新"工作方案，经济延续平稳增长，将在深化供给侧结构性改革上持续用力，加快行业结构调整，推动产业转型升级，深入实施创新引领开放崛起战略，着力推动高质量发展，坚决打赢三大攻坚战，全面做好"六稳"工作，统筹推进稳增长、促改革、调结构、惠民生、防风险、保稳定，确保经济实现量的合理增长和质的稳步提升。

"十四五"期间，甲省仍处于向沿海经济发达省份的追赶期。全省将继续坚持高质量发展，确保经济实现量的合理增长和质的稳步提升；坚持创新引领开放崛起，打造内陆创新开放高地；大力实施乡村振兴战略，着力推进农业农村现代化；加强基础设施建设，推动形成优势互补高质量发展的区域经济布局。同时，要发挥作为东部沿海地区和中西部地区过渡带、长江开放经济带和沿海开放经济带接合部的区位优势，抢抓长江经济带发展、中部地区崛起的战略机遇，进一步释放积蓄的发展动能和市场活力，推进甲省制造业的转型升级和高质量发展，将甲省的制造业打造成国家重要先进制造业高地、世界级产业集群。

综合考虑甲省经济社会发展形势和工业化进程，预计“十四五”期间，甲省 GDP 增速维持在4.5%～5.5%左右。

(2) 负荷特性指标预测

① 回归分析预测

使用回归分析法对甲省负荷特性指标进行预测，要结合第4章中对负荷特性影响因素的分析，将地区生产总值(万亿元)、第二产业、第三产业经济占比、人口数量(千万)作为影响负荷特性变化主要影响因素。对负荷特性指标与多个影响因素之间进行多元线性回归，得到回归方程如下：

$$\begin{cases} y_1 = -0.752 - 0.002x_1 - 0.057x_2 + 0.750x_3 - 0.146x_4 \\ y_2 = -2.535 - 0.017x_1 + 0.320x_2 + 1.397x_3 + 0.387x_4 \\ y_3 = 0.491 - 0.015x_1 - 0.401x_2 - 0.235x_3 \\ y_4 = -1.907 - 0.022x_1 - 0.791x_2 - 0.326x_3 + 0.427x_4 \\ y_5 = 5.425 - 0.033x_1 - 4.471x_2 - 2.395x_3 - 0.264x_4 \\ y_6 = -30.715 + 9.159x_1 + 76.748x_2 + 35.836x_3 - 3.469x_4 \end{cases} \tag{5-3-1}$$

其中，x_1，x_2，x_3，x_4 分别表示地区生产总值、第二产业、第三产业经济占比、人口数量；y_1，y_2，y_3，y_4，y_5，y_6 分别表示年负荷率、季不均衡系数、年平均日负荷率、年最大峰谷差率、年最大负荷。对影响负荷特性指标的主要因素按照年份序列进行回归，得到其预测结果如表5-3-1所示。结合式(5-3-1)的回归方程得到甲省负荷特性指标的预测结果，如表5-3-2所示。

表5-3-1 回归分析法预测2023—2025年甲省影响负荷特性指标主要因素结果

项目	年份		
	2023年	2024年	2025年
GDP/亿元	51 348	54 243	57 139
二产生产总值占比	0.384	0.381	0.379
三产生产总值占比	0.523	0.526	0.529
人口数量/千万	6 612	6 608	6 602

表 5-3-2　回归分析法预测 2023—2025 年甲省负荷特性指标结果

项目	年份		
	2023 年	2024 年	2025 年
年负荷率	0.594	0.596	0.598
季不均衡系数	0.794	0.791	0.787
年平均日负荷率	0.849	0.853	0.858
年平均峰谷差率	0.329	0.321	0.313
年最大峰谷差率	0.540	0.535	0.530
年最大负荷/万 kW	4 986	5 298	5 610

② 灰色模型预测

在 5.2.2 小节中介绍了三种灰色预测模型。下面将分别使用三种模型对负荷特性指标进行预测。$GM(1,n)$与 $GM(0,n)$两种模型是在考虑相关因素的基础上对研究对象数据进行预测的，但是这两种模型存在一定缺陷，即需要未来相关因素的值才能得到研究对象的未来预测结果，所以采用 $GM(1,1)$模型来对相关因素的未来值进行预测，使得 $GM(1,n)$与 $GM(0,n)$两种模型能够预测研究对象的未来值。各模型的预测结果分别见表 5-3-3、5-3-4、5-3-5。

表 5-3-3　采用 $GM(1,1)$模型预测 2023—2025 年甲省负荷特性指标及 GDP 结果

项目	年份		
	2023 年	2024 年	2025 年
年负荷率	0.582	0.585	0.588
季不均衡系数	0.774	0.763	0.752
年平均日负荷率	0.850	0.854	0.859
年平均峰谷差率	0.325	0.316	0.307
年最大峰谷差率	0.540	0.535	0.530
年最大负荷/万 kW	5 158.8	5 612.4	6 104.4
GDP/亿元	52 557	56 504	60 747

表 5-3-4　采用 $GM(1,n)$模型预测 2023—2025 年甲省负荷特性指标

项目	年份		
	2023 年	2024 年	2025 年
年负荷率	0.567	0.575	0.583
季不均衡系数	0.751	0.725	0.697

表5-3-4(续)

项目	年份		
	2023年	2024年	2025年
年平均日负荷率	0.852	0.859	0.865
年平均峰谷差率	0.295	0.269	0.240
年最大峰谷差率	0.485	0.449	0.410
年最大负荷/万 kW	5 144.4	5 614.8	6 120

表 5-3-5　采用 $GM(0,n)$ 模型预测 2023—2025 年甲省负荷特性指标

项目	年份		
	2023年	2024年	2025年
年负荷率	0.573	0.580	0.587
季不均衡系数	0.760	0.738	0.714
年平均日负荷率	0.856	0.864	0.873
年平均峰谷差率	0.309	0.290	0.269
年最大峰谷差率	0.503	0.477	0.449
年最大负荷/万 kW	5 233.2	5 725.2	6 254.2

③ BP 神经网络预测

事实上,$GM(1,1)$、$GM(1,n)$ 和 $GM(0,n)$ 三种灰色预测模型的预测结果和实际结果存在一定的联系,对三种模型的预测结果进行某种函数组合可以得到逼近实际中的预测值,而 BP 神经网络理论上可以逼近任何连续的函数,因此使用三种灰色模型的对历史数据预测值作为 BP 神经网络的输入矢量,使用历史数据的实际值作为网络训练的目标值。其目的旨在寻找三种模型预测值和实际值之间存在的函数关系。最后,使用三种模型的预测年份的预测值作为训练好的 BP 神经网络的输入矢量,此时神经网络的输出值即为预测年份的预测值。预测结果见表 5-3-6。

表 5-3-6　BP 神经网络模型预测 2023—2025 年甲省负荷特性指标结果

项目	年份		
	2023年	2024年	2025年
年负荷率	0.579	0.585	0.589
季不均衡系数	0.772	0.759	0.745
年平均日负荷率	0.836	0.837	0.838
年平均峰谷差率	0.320	0.307	0.293

表5-3-6(续)

项目	年份		
	2023 年	2024 年	2025 年
年最大峰谷差率	0.522	0.508	0.493
年最大负荷/万 kW	4 335	4 722	5 132

④ 预测结果分析

表 5-3-1 至表 5-3-6 显示,“十四五”期间甲省年最大负荷将不断上升,年负荷率、年平均日负荷率等负荷特性指标呈上升趋势,而年平均峰谷差率、年最大峰谷差率、最大负荷利用小时数等负荷特性指标呈下降趋势,总体负荷波动趋缓,负荷特性得到优化。根据甲省“十四五”国民经济和社会发展的规划目标,结合甲省电力需求及负荷特性现状,以上负荷特性指标的预测结果符合甲省产业结构和工业结构的调整、新分时电价政策的实施以及人民生活水平进一步提高的发展趋势。

(3) 全社会最大负荷预测

通过最大负荷利用小时数法、时间序列法对甲省全社会负荷进行预测,具体过程如下。

① 最大负荷利用小时数法

2011—2023 年甲省全社会负荷和最大负荷利用小时数见表 5-3-7 和图 5-3-1。

表 5-3-7 2011—2023 年甲省全社会负荷和最大负荷利用小时数

项目	2011 年	2012 年	2013 年	2014 年	2015 年	2016 年	2017 年	2018 年	2019 年	2020 年	2021 年	2022 年	2023 年
全社会负荷/万 kW	2 700	2 940	3 144	3 096	3 324	3 432	3 748	4 260	4 278	4 728	4 980	5 580	5 700
全社会 T_{max}/h	5 748	5 496	5 431	5 546	5 226	5 230	5 021	4 916	5 230	4 897	5 192	4 808	4 793

从 2011—2023 年全社会最大负荷利用小时数变化趋势可以看出,最大负荷利用小时数整体呈现下行趋势。一方面受经济增速放缓影响,另一方面全省用电结构不断调整,三产、居民生活用电量比重不断提高,2020 年全省全社会最大负荷利用小时数降至 4 897 h。2021 年,企业复工复产情况良好,工业电量高速增长,最大负荷利用小时数增长至 5 192 h。2022 年,极端高温晴热天气影响下全省最大负荷快速拉升,最大负荷利用小时数下降至 4 808 h。考虑全省产业结构调,利用小时呈下降趋势,预计“十四五”期间,甲省全社会最大负荷预测结果见表 5-3-8。

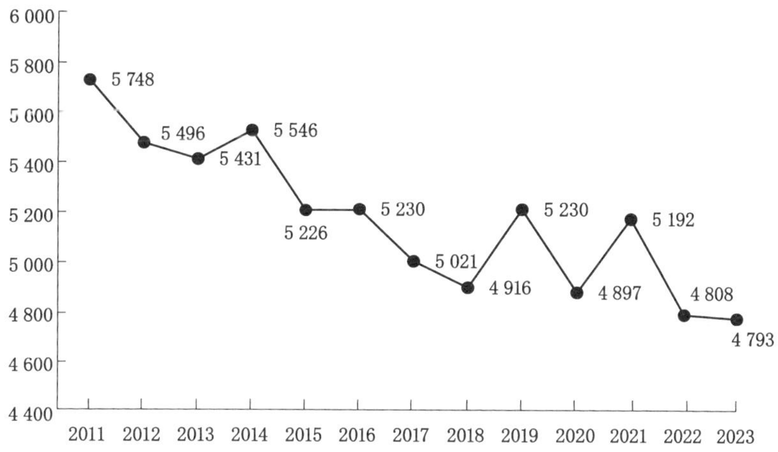

图 5-3-1　2011—2023 年甲省全社会最大负荷利用小时数变化趋势

表 5-3-8　最大负荷利用小时数法预测全社会负荷

项目		年份		
		2024 年	2025 年	“十四五”增速
最大负荷利用小时数法	高方案/万 kW	6 380.4	6 884.4	7.8%
	中方案/万 kW	6 150	6 751.2	7.4%
	低方案/万 kW	6 014.4	6 481.2	6.5%

② 时间序列法

通过选取不同样本期间，对甲省全社会负荷的历史值进行时间序列回归分析，建立多项式回归模型，根据回归方程计算得到 2023—2027 年甲省全社会负荷数值，预测结果如表 5-3-9 所示。

表 5-3-9　时间序列法预测全社会负荷

项目		年份		
		2024 年	2025 年	“十四五”增速
时间序列法	高方案/万 kW	6 433.2	6 870	7.8%
	中方案/万 kW	6 268.8	6 621.6	7.0%
	低方案/万 kW	6 033.6	6 339.6	6.0%

③ 预测结果分析

根据上述两种方法，得出“十四五”期间，甲省全社会负荷高、中、低三个方案，推荐采用中方案。预计 2025 年全社会最大负荷 6 780 万 kW,“十四五”期间年均增速为 7.5%,较“十三五”期间小幅增长 0.2%。具体结果见表 5-3-10。

表 5-3-10　甲省全社会负荷预测结果

<table>
<tr><th colspan="2" rowspan="2">项目</th><th rowspan="2">2024 年</th><th rowspan="2">2025 年</th><th colspan="2">增长率</th></tr>
<tr><th>“十四五”前三年</th><th>“十四五”</th></tr>
<tr><td rowspan="3">全社会负荷</td><td>高/万 kW</td><td>6 420</td><td>6 900</td><td rowspan="3">6.4%</td><td>7.9%</td></tr>
<tr><td>中/万 kW</td><td>6 300</td><td>6 780</td><td>7.5%</td></tr>
<tr><td>低/万 kW</td><td>6 180</td><td>6 660</td><td>7.1%</td></tr>
</table>

第 6 章　改善负荷特性的措施

近年来，随着我国经济社会的快速发展，产业结构的优化调整，我国负荷增速较快，负荷峰值不断刷新，负荷曲线尖峰化趋势明显，导致在负荷高峰时段电力供需不平衡问题日益突出。本章根据第 5 章的负荷特性指标预测结果，从电网、政府和市场三个层面进一步分析如何改善负荷特性指标，提出缓解电力供应压力，提升电网运营效益的主要措施。

6.1　电网层面

电网可将可控负荷、电动汽车等需求侧资源纳入电力系统整体规划，完善支持虚拟电厂（电动汽车、电池储能站、抽蓄、负荷集成商）等灵活调节资源设施参与电力市场的软硬件环境，从而改善负荷特性。

（1）可控负荷

可控负荷指可以根据电网的运行状态调整用电负荷而不影响用户用电体验的“能量消耗型”用电设备。可控负荷用电时间及规律较为稳定，短时间断电几乎不影响居民正常生活，便于参与需求响应控制以改善负荷特性。可基于电价和新能源发电情况，积极主动参与电网运行控制，灵活地改变和选择自身的运行情况。在电网层面，可基于负荷特性状况设置电价模式，使可控负荷由电价较高的时段转移到电价较低的时段运行；也可以基于有序用电的模式，从新能源发电较少的时段转移到新能源发电较多的时段。总之，通过对可控负荷的控制可提高电网的运行效率，改善电网的负荷特性。

通过可控负荷改善负荷特性的具体措施可分为以下三个方面：

① 使用智能电力需求响应系统。浙江省杭州市在工业区试点推广智能电力需求

响应系统。多家工业企业通过响应系统监测电力负荷并在需要时减少用电，实现对电力需求的动态调整。该试点项目在高负荷时段成功降低了电力需求，最高负荷峰值下降了10%左右。

② 协调分布式能源。山东省济南市某小区引入了分布式太阳能发电系统，通过智能控制，将自产的太阳能电力优先供应给小区内的住户。根据济南市能源局的数据，这个小区成功地在夏季高负荷时段减少了主电网的用电需求，自身消耗了约30%的太阳能电力。

③ 通过电力现货市场建设协调源荷互动。近年来，广东省积极推动电力市场改革，建设电力现货市场，通过市场化交易来协调电力源和负荷之间的互动。2022年11月1日，南方电力现货市场(以广东起步)连续结算运行满一周年之际，日前现货均价约0.59元/kW·h，较燃煤基准价上浮28%。其电力价格发现和保供稳价作用突出。

(2) 电动汽车

电动汽车通过电力来替代燃油，既可降低对化石能源的过度依赖，又可减少污染物排放，电动汽车优点多且技术日趋成熟，未来大规模应用并高比例替代传统燃油汽车是大势所趋。经济步入新常态以来，全国及各省产业结构调整明显加速。根据发达国家经济发展历史经验，未来经济与用电结构仍将持续变动，表现为二产比重下降、三产比重提升，带动电网负荷特性向着变差的趋势发展。而电动汽车在参与需求侧管理后可起到“削峰填谷”、改善电网负荷特性的作用。因此通过需求侧管理手段来引导电动汽车高比例改善电网负荷特性将是一项重要工作。

通过电动汽车改善负荷特性的具体措施可分为以下三个方面：

① 利用电池储能系统。据《中国能源报》报道，若一个城市拥有10 000辆电动汽车，每辆车的电池容量为60 kW·h。假设这些电池的平均储能效率为90%，那么这些电动汽车的总储能容量将达到540 MW·h，可以作为后备储能系统，在需要时供电。基于此，英国能源监管机构天然气电力市场办公室提出了“智能机制”，旨在允许车主将电动汽车充当成一个“移动电站”来盈利，即鼓励车主在电网需求低且电力便宜时为电动汽车充电，在电网需求达到峰值时将储存在汽车电池中的多余电力回输电网。

② 建设智能充电管理系统。研究表明，在电力需求低谷时段，有超过40%的电动汽车用户选择进行充电，而在负荷高峰时期则只有不到30%的用户在进行充电。新加坡能源市场管理局的数据显示，使用智能充电管理系统，可以将峰值负荷削减约5%至15%。

③ 建立弹性充电机制。挪威是电动汽车普及率最高的国家之一。在挪威，大约75％的电动汽车用户愿意根据电网负荷情况灵活安排充电时间。由此可见，建立弹性充电机制是有一定用户心理基础的。

（3）虚拟电厂

随着电网用电峰值负荷连创新高，电力供需“平时充裕、尖峰紧张”矛盾日益凸显，虚拟电厂成为经济性最优解决方案。虚拟电厂是一套能源管理系统，把分布式电源、储能、电动汽车等多种可调节资源有机结合，通过通信技术与控制技术，对可调节资源进行调控和优化。其主要功能在于大幅提升能源生产消费效益及大幅提高可再生能源利用率并改善负荷特性。当面临电网中绿电比例升高、用电价格降低、用电负荷较少等情况时，虚拟电厂会自动调节企业扩大生产、储能系统开始充电，反之则调节企业减少生产、储能系统进行放电。在“双碳”目标下，风电、太阳能等新能源将逐渐占据未来我国电力系统的主导地位。风电、光伏电力的间歇性和波动性导致新能源电力在并网时会给电网造成冲击，将影响到电力系统的稳定性维护。而虚拟电厂具备资源聚合的能力，有望在以清洁能源为主体的新型电力系统中发挥重要作用。

通过虚拟电厂改善负荷特性的具体措施可分为以下三个方面：

① 与传统电厂协同运营。据《河北日报》报道，冀北虚拟电厂在新能源大发期间增加用电需求，减少火电厂不经济的深调状态，获得与调峰贡献相匹配的市场化收益。截至 2022 年 11 月初，冀北虚拟电厂已在线连续提供调峰服务超过 4 800 h，累计增发新能源电量 3 701 万 kW・h；虚拟电厂运营商和用户总收益达 673.70 万元，平均度电收益 182 元/MW・h。

② 基于大数据的运营。国电投江苏虚拟电厂日运行电力达 700 MW，最大可调容量 300 MW，于 2023 年 2 月成功完成与江苏省电力需求侧管理平台数据接入试验。该平台整合了钢铁、水泥、纺织、光伏生产、电池生产等多类型用电大客户，并完成了交易管理、负荷规划、调度监盘等关键应用，具备了参加需求响应和辅助服务的能力。

③ 集成利用可再生能源。瑞士的一项研究表明，通过虚拟电厂的整合，可再生能源的利用率可以提高 20％左右。

6.2　政府层面

政府可以考虑从需求侧响应电价体系建设等方面着手改善负荷特性。

需求侧响应指电力用户根据电力价格、电力政策的动态改变而响应电力供应，暂时改变其固有的用电习惯，以达到减少或推移某时段的用电负荷，保证电网系统稳定性的行为。需求侧响应可以改变用户用电行为，尤其是电价体系更能调动用户参与需求响应的积极性，有利于改善负荷特性。

根据响应信号性质不同，需求侧响应电价体系可划分为基于激励的需求响应和基于价格的需求响应。基于激励的需求响应是指需求响应实施机构根据电力系统供需状况制定相应政策，用户在系统需要或电力紧张时改变用电状态，以此获得直接补偿或其他时段的优惠电价的响应。用户获得激励的方式有独立于现有电价政策的直接补偿以及在现有电价基础上给予折扣优惠等。基于激励的需求响应分为以下 5 种：直接负荷控制、可中断负荷、紧急需求响应、需求侧竞价和辅助服务项目。各需求响应的说明如表 6-2-1 所示。

表 6-2-1　基于激励的需求响应

类型	说明
直接负荷控制	用电高峰或供电紧张时，远程控制或者关闭用户的用电负荷，给予用户一定的中断补偿
可中断负荷	电网高峰时段，根据与供电公司签订的合同，用户主动中断部分用电。未履约的将受到责罚
紧急需求响应	电网出现紧急情况时，参与用户按照指令主动削减负荷。紧急需求响应是自愿参与的，不参与不受罚
需求侧竞价	用户通过竞价或者合同订购的方式参与需求响应。参与日前市场是强制性的，参与实时市场是自愿的
辅助服务项目	用户提供削减负荷作为电网运行备用，参与用户在响应速度、响应容量等方面有条件限制

针对基于激励的需求响应，2004 年以来在江苏、河北、福建、上海、浙江等省份均开展了可中断负荷的实践工作，总体而言，实施工作还处于起步阶段，而且可中断负荷补偿标准太过笼统，没有考虑到用户的类型，无法对用户产生有效的激励，效果不甚理想。

基于价格的需求响应是指用户根据收到的价格信号相应地调整电力需求的响应。价格机制是市场机制的核心，公平合理的电价能够提供准确的经济信号，实现电力资源的优化配置。基于价格的需求响应一般包括以下 3 种方式：分时电价、实时电价和尖峰电价。对 3 种电价方式需求响应特点和功能总结如表 6-2-2 所示。

表 6-2-2　基于价格的需求响应

类型	特点及功能
分时电价	实现难度低，更新周期长，反映较长周期内电能成本变化
实时电价	更新周期较短，反映电力系统在短周期内的供电成本变化
尖峰电价	机制新，实现难度大，可应对紧急情况出现，可避免价格风险

三种电价通过峰差价引导用户“削峰填谷”，有效抑制负荷波动，能够达到改善负荷特性的目的，提高社会效益，得到广泛推广。随着电力市场改革逐步深化，需求响应作为电力系统重要的互动资源，基于价格手段有效引导用户用电，提高系统经济性和可靠性，在竞争市场中的作用愈发明显。

通过电价优化改善负荷特性的措施可分为完善峰谷电价机制、建立尖峰电价机制和健全季节性电价机制三个方面。以甲省为例，这些措施的实施可以使大工业用电时段大部分都集中在低谷以及平段，有效地实现“削峰填谷”的效果。具体效果和分析参见本书 4.5 节。

6.3　市场层面

市场可以通过完善需求侧管理的市场机制等手段改善负荷特性。

国民经济的快速发展带动用电需求的迅速增加，导致电力供需不平衡，而新型电力系统的建设使得清洁能源消纳压力逐渐增大，由此带来更严重的供需矛盾。需求响应不仅可以缓解电力供需难以平衡的局面，还有利于保护环境和节约能源，促进“双碳”目标战略的实现。完善需求侧管理的市场机制，使需求侧市场发挥引导作用，引导电力用户自发改善其用电行为，有利于改善负荷特性。研究显示，在需求侧资源利用技术极大发展和政策友好的前提下，需求响应潜力约为负荷总量的 10%～20%，届时全国需求侧资源可利用量将超 2 亿 kW。表 6-3-1 为需求侧管理机制的研究背景、研究方法、核心问题和关键性结论。其中峰谷电价、尖峰电价、分时电价等问题已在 6.2 节讨论。枯水季节电价与分时电价的执行类似，在此不再赘述。接下来从以下三个方面措施完善需求侧管理的市场机制：

① 开展现货市场运营规则的制定。2018 年 8 月 31 日，南方(以广东起步)电力现货市场作为全国首个电力现货市场正式投入试运行，并于 2019 年 5 月启动现货结算试运行。与之配套的“1+5”电力市场规则体系为我国首个完整的区域性电力市场规则，包括

《广东电力市场运营规则》和《广东电力市场现货电能量交易实施细则》、《广东电力市场中长期电能量交易实施细则》、《广东电力市场现货结算实施细则》、《广东电力市场注册管理实施细则》、《广东电力市场信息披露实施细则》。2022 年 12 月，南方区域电力现货市场首次开展调电试运行(不结算)，截至目前，区域电网运行安全稳定，出清结果执行有效。

② 鼓励新型市场主体加入电力现货交易。2022 年 2 月底和 3 月初，山东省内的留格国投储能电站、腾源华电储能电站、关家三峡储能电站以及全福华能储能电站四个电站先后在山东电力交易中心完成注册公示，正式成为山东省电力现货市场的交易主体，前述四个电站为全国首批参与电力现货市场交易的独立储能电站。截至目前，青海、云南等地的新能源发电已经全部实现市场化，新疆、甘肃、宁夏等地新能源发电项目市场化的比例也超过了 50%。

③ 加快多元化需求侧资源参与市场化交易。2021 年广东省迎峰度夏期间，300 余用户参与市场化需求侧响应交易，实现削峰超 100 万 kW。

表 6-3-1　需求侧管理机制的研究背景、核心问题和关键性结论

管理机制	研究背景	核心问题	关键性结论
峰谷电价	大量分布式电源接入配电网	将峰谷分时电价变动引起的需求响应与分布式储能动态结合	分时电价下，配合用户的负荷响应和分布式储能优化运行，在降低网损、减小电压偏差、提高电能质量方面具有有效性
尖峰电价	空调负荷的需求响应潜力大	针对尖峰负荷设计差别化的尖峰电价机制	设计针对空调负荷的作用时段差别化尖峰电价，改善传统电价结束后的负荷反弹现象
丰枯季节电价	中国部分电网中水电的比重比较大	利用丰枯电量电价弹性矩阵量度用户对丰枯电价的响应	丰枯电价针对丰枯季节不同的发电成本进行差别定价，有利于减小丰水期水电的弃水
分时电价执行范围	供不应求问题严重	供不应求问题严重，扩大分时电价执行范围	目前大部分地区都在大工业、一般工商业、居民范围内开展了分时电价政策
分时电价执行方式	发挥电采暖负荷灵活可调控性能	制定动态分时电价激励电采暖负荷有序用电	虚拟电厂电采暖负荷优化模型对分时电价时段进行动态划分，解决了现有峰谷电价机制难以充分发挥需求侧电采暖负荷可调控柔性
市场化电力用户执行方式	高比例新能源接入的新型电力系统	新能源与灵活性资源解耦的新型电力现货市场体系	通过市场机制创新激发新能源及其并网所需灵活性资源的协同发展

参考文献

[1] 李婧,徐胜蓝,万灿,等.基于自适应 k-means++算法的电力负荷特性分析[J].南方电网技术,2019,13(2):13-19.

[2] 赵耀,虞莉娟,苏义鑫等.基于聚类分析和 Pearson 相关系数法的电网负荷数据清洗与去重[J].船电技术,2023,43(06):69-75.

[3] 刘红.电力负荷季节特性分析及需求响应动态电价策略研究[D].北京:华北电力大学,2018.

[4] 顾明宏.扬州市电力负荷特性及 DSM 潜力分析[D].南京:东南大学,2005.

[5] 彭怀德,钟士元,李玉婷,等.外在因素对电力系统负荷特性指标影响[J].江西电力,2021,45(6):6-10.

[6] 孔祥玉,杨群,穆云飞,等.分时电价环境下用户负荷需求响应分析方法[J].电力系统及其自动化学报,2015,27(10):75-80.

[7] 宣科.电网负荷特性影响因素综述[J].通讯世界,2016,23(13):139.

[8] 徐常,贺墨琳,杨成,等.贵州电网负荷特性影响因素分析[J].南方能源建设,2020,7(S1):36-41.

[9] 程义明.地区电网负荷特性分析及其应用研究[D].长沙:湖南大学,2012.

[10] 贺辉."十二五"期间湖南电网电力负荷特性分析及其相关建议[J].电力需求侧管理,2017,19(3):39-42.

[11] 周谢.电力负荷特性指标及其内在关联性分析[D].长沙:长沙理工大学,2013.

[12] 廖峰,徐聪颖,姚建刚,等.常德地区负荷特性及其影响因素分析[J].电网技术,2012,36(7):117-125.

[13] 姚顺.考虑用户行为及行业用电特性的电网负荷预测模型及应用研究[D].南京:

东南大学,2017.
[14] 康重庆,夏清,刘梅.电力系统负荷预测[M].北京:中国电力出版社,2007.
[15]刘恬. 基于相关性分析的大工业用户电力负荷预测与应用[D].长沙:长沙理工大学,2021.
[16] 肖军.广州城中村低压用电负荷特性及预测管理研究[D].广州:暨南大学,2019.
[17] 石颖.基于数据挖掘的用户负荷曲线分析与负荷预测技术研究[D].广州:华南理工大学,2021.
[18] 程超.基于时间序列法和回归分析法的改进月售电量预测方法研究[D].重庆:重庆大学,2016.
[19] 王超.基于灰色理论的电力负荷预测研究[D].济南:山东大学,2016.
[20] 周潮,邢文洋,李宇龙.电力系统负荷预测方法综述[J].电源学,2012,10(6):32-39.
[21] 杨超. 基于灰色理论和神经网络的中长期电力负荷预测的研究[D].天津:天津理工大学,2015.